U0249589

重特大灾害空天地协同应急监测关键技术研究

王福涛 周艺 谌华 杨华等 著

科学出版社

北京

内 容 简 介

本书面向重特大灾害及灾害链应急响应、抢险、救援与搜救决策需求，阐述了面向灾害应急任务的空天地监测资源协同规划方案、重特大灾害应急驱动的多星任务规划技术、重特大灾害应急响应的无人机空间抽样技术、重特大灾害核心灾情要素快速提取技术和重特大灾害应急分级信息产品制作技术，介绍了空天地协同应急监测系统，构建了灾害事件过程驱动的空天地一体化应急协同观测技术及应用体系。

本书可供从事应急管理、应急救援和指挥、灾害监测等学科领域的科研人员参考使用，也可作为高等院校相关专业的教学和研究用书。

审图号：GS 京（2024）2328 号

图书在版编目（CIP）数据

重特大灾害空天地协同应急监测关键技术研究／王福涛等著 . -- 北京：科学出版社，2024. 10. -- ISBN 978-7-03-079653-0

Ⅰ. X4

中国国家版本馆 CIP 数据核字第 2024HE2634 号

责任编辑：周　杰／责任校对：樊雅琼
责任印制：徐晓晨／封面设计：无极书装

科 学 出 版 社 出版

北京东黄城根北街 16 号
邮政编码：100717
http://www.sciencep.com

北京建宏印刷有限公司印刷

科学出版社发行　各地新华书店经销

*

2024 年 10 月第 一 版　开本：787×1092　1/16
2025 年 1 月第二次印刷　印张：13 1/4
字数：320 000

定价：180.00 元

（如有印装质量问题，我社负责调换）

《重特大灾害空天地协同应急监测关键技术研究》撰写名单

主　笔：王福涛　　周　艺　　谌　华　　杨　华

　　　　张俊峰　　乔志远　　杜克平

成　员：张　锐　　杨宝林　　王振庆　　王敬明

　　　　傅俏燕　　王冠珠　　于　飞　　范凤云

　　　　张浩平　　董喜梅　　赵　清　　秦　港

　　　　朱金峰　　许志华　　刘素红　　王丽涛

　　　　刘文亮　　侯艳芳　　李新港　　崔　颖

　　　　陈子越　　李尘然　　王彦超

前　言

　　我国是世界上自然灾害最为严重的国家之一，灾害种类多、分布地域广、发生频率高，防灾减灾救灾工作面临巨大压力。2008 年"5·12"汶川地震给我国造成了重大人员伤亡和财产损失。这次地震影响到川、甘、陕三省数千万人口，受灾 58 个县，死亡人数 8 万多，直接经济损失 8000 多亿元。2010 年"4·14"玉树地震造成了 2690 多人遇难。2010 年"8·7"甘肃舟曲特大泥石流灾害中遇难失踪 1841 人。2000~2021 年的统计显示，我国平均每年由于自然灾害受灾人口约 3.21 亿人，造成死亡失踪人口约 6029 人，直接经济损失约 3451 亿元。自然灾害已经成为影响我国经济发展和社会安定的重要因素。

　　随着对地观测技术的快速发展，以及人工智能、大数据、云计算等新技术的出现，多元观测手段在灾害应急监测中发挥越来越重要的作用。目前我国已经初步建成以陆地、气象和海洋卫星为代表的航天遥感空间基础设施，以有人机、无人机为代表的航空遥感平台，以水利、地震行业部门为代表的地面监测网络。要实现重特大自然灾害应急响应的快速监测、准确评估和高效决策，迫切需要实现空天地一体化协同监测的关键技术集成和高效应用，发展从地表到近地空间的空天地一体化的自然灾害快速应急响应能力，为国家安全和"一带一路"等国家重大战略或倡议的实施提供保障。

　　在国家重点研发计划相关项目研究基础上，本书面向重特大灾害及灾害链应急响应、抢险、救援与搜救决策需求，研究建立灾害事件过程驱动的空天地一体化应急协同观测技术及应用体系，重点解决面向灾害应急任务的空天地监测资源协同规划、面向重灾区无人机应急监测的空间抽样获取、重特大灾害核心灾情要素快速提取以及分级信息产品空天地数据协同应急制作等关键技术难题。

　　本书共 8 章。第 1 章为绪论，由王福涛、周艺、王丽涛、刘文亮、谌华等完成；第 2 章介绍面向灾害应急任务的空天地监测资源协同规划，由谌华、傅俏燕、于飞、张浩平等完成；第 3 章介绍重特大灾害应急驱动的多星任务规划技术，由谌华、乔志远、于飞、王冠珠、范凤云等完成；第 4 章介绍重特大灾害应急响应的无人机空间抽样技术，由张俊峰、董喜梅、王福涛等完成；第 5 章介绍重特大灾害核心灾情要素快速提取技术，由王福涛、张锐、杨宝林、王敬明、赵清、王丽涛、刘文亮、朱金峰、侯艳芳等完成；第 6 章介绍重特大灾害应急分级信息产品制作技术，由杨华、许志华、刘素红、李新港、崔颖、陈子越等完成；第 7 章介绍重特大灾害空天地协同应急监测系统，由王福涛、王振庆、秦港、乔志远、谌华、杜克平、李尘然等完成；第 8 章为总结与展望，由周艺、王福涛、谌华、杨华、刘素红等完成。全书由王福涛、周艺、谌华、王彦超定稿。

相关成果在研究过程中，得到了中国科学院空天信息创新研究院、北京师范大学、应急管理大学（筹）、二十一世纪空间技术应用股份有限公司、中国资源卫星应用中心、北京观著信息技术有限公司、中国地震局地震预测研究所、中国水利水电科学研究院、武汉大学等单位的大力支持；相关成果在应用过程中，得到科学技术部高技术研究发展中心、科学技术部国家遥感中心、应急管理部国家减灾中心、中国地震应急搜救中心等业务部门的全力支持和指导，在此一并致谢！

限于作者水平，书中疏漏之处在所难免，恳请读者不吝批评指正。

王福涛

2024 年 4 月

目　录

|第 1 章| 绪 论

　　我国自然灾害类型多样，2009 年国务院新闻办公室发表了《中国的减灾行动》白皮书，其中提到，我国自然灾害主要有气象灾害、地震灾害、地质灾害、海洋灾害、生物灾害和森林草原火灾六大类。在全球气候变化背景下，我国极端天气事件发生的概率进一步增大，降水分布不均衡、气温异常变化等因素导致的洪涝、干旱、高温热浪、低温雨雪冰冻等灾害增多，超强台风、强台风以及风暴潮等灾害的出现频次加大，局部强降水引发的山洪、滑坡和泥石流等地质灾害更加突出，由洪水、山洪、旱灾等为主的水旱灾害影响损失迅速增加。2020 年，第一次全国自然灾害综合风险普查就将地震灾害、地质灾害、气象灾害、水旱灾害、海洋灾害、森林和草原灾害这六大类灾害作为普查对象。其中，地质灾害主要包括滑坡、崩塌和泥石流；气象灾害主要包括暴雨、干旱、台风、高温、低温、风雹、雪灾、雷电；水旱灾害主要包括洪水、山洪、旱灾；海洋灾害主要包括风暴潮、海啸、海平面上升、海冰；森林和草原灾害主要包括森林火灾、草原火灾。

　　据《应急管理部发布 2020 年全国自然灾害基本情况》，2020 年，我国气候年景偏差，主汛期南方地区遭遇 1998 年以来最重汛情，自然灾害以洪涝、地质灾害、风雹、台风灾害为主，地震、干旱、低温冷冻、雪灾、森林草原火灾等灾害也有不同程度发生；而据《应急管理部发布 2021 年全国自然灾害基本情况》，2021 年，我国自然灾害形势复杂严峻，极端天气气候事件多发，自然灾害以洪涝、风雹、干旱、台风、地震、地质灾害、低温冷冻和雪灾为主，沙尘暴、森林草原火灾和海洋灾害等也有不同程度发生；再据《应急管理部发布 2022 年全国自然灾害基本情况》，2022 年，我国自然灾害以洪涝、干旱、风雹、地震和地质灾害为主，台风、低温冷冻和雪灾、沙尘暴、森林草原火灾及海洋灾害等也有不同程度发生；又据《应急管理部发布 2023 年全国自然灾害基本情况》，2023 年，我国自然灾害以洪涝、台风、地震和地质灾害为主，干旱、风雹、低温冷冻、雪灾、沙尘暴和森林草原火灾等也有不同程度发生。通过 2020～2023 年我国自然灾害基本情况的对比分析可以看出，洪涝灾害、地震地质灾害一直是我国的主要灾害类型，极端天气引起的洪涝、干旱、高温热浪、低温雨雪冰冻等灾害不断增多。进入 21 世纪以来，我国防灾减灾形势面临诸多重大挑战：自然灾害极端性、不确定、复杂性不断增强，多灾并发链发效应明显，特别是重特大自然灾害造成的人员伤亡和经济损失极为严重，如 2008 年汶川"5·12"特大地震、2010 年玉树"4·14"大地震、2010 年舟曲"8·7"特大山洪泥石流、2020 年长江流域大洪水、2021 年河南"7·20"特大暴雨灾害、2023 年京津冀特大暴雨洪涝等灾害接连发生，给国家和人民生命财产安全带来重大损失，已成为影响我国社会经济发展和社会安定的重要因素。

重特大自然灾害（主要指发生在国内，启动国家地震、地质灾害或防汛Ⅱ级及以上应急响应的灾害；发生在境外，中国国际救援队需要出动救援或启动空间与重大灾害国际宪章（CHARTER）机制需要中国提供数据的自然灾害）现场往往具有环境复杂、危害范围广、危险性高的特点，通常由于灾后通信中断、道路阻断，第一时间人员难以快速进入，往往形成"信息孤岛"和"信息空洞"。本书中重特大自然灾害事件主要针对地震-地质灾害和水文-气象灾害两大类。地震-地质灾害包括地震、滑坡、泥石流等，是我国人员伤亡最严重的灾害。水文-气象灾害包括洪涝等自然灾害，是我国经济损失最为严重的灾害。

空天地观测技术具有覆盖范围大、及时、准确的现场信息获取能力，是重特大灾害应急快速响应的重要手段，可以实现对灾区范围内的典型承灾体和重点隐患目标的快速动态监测与救灾辅助决策，在灾害信息服务保障中能够发挥重要作用。

随着对地观测技术的快速发展，多元观测手段在灾害监测评估中发挥越来越重要的作用。全球层面，第三届世界减灾大会通过的《2015—2030年仙台减轻灾害风险框架》将加强遥感数据共享与技术应用作为其第一优先领域"理解灾害风险"的重要手段。第61届联合国大会第110号决议同意"联合国灾害管理与应急反应天基信息平台"（United Nations Platform for Space-based Information for Disaster Management and Emergency Response，UN-SPIDER）项目，旨在为国际、区域组织和国家灾害管理提供面向灾害管理全过程的天基信息服务。全球对地观测组织正在实施多项利用遥感技术进行灾害应急监测和风险感知评估的行动。区域层面，欧盟哥白尼计划（Copernicus Programme）将应急服务作为其基于遥感技术推进的六项应用之一。国家层面，世界主要发达国家都在积极完善和建设应对重大自然灾害的空间信息基础设施，如美国建设的国家空间信息基础设施（National Spatial Data Infrastructure，NSDI）、美国联邦紧急事务管理署（Federal Emergency Management Agency，FEMA）、欧洲空间信息基础设施（Infrastructure for Spatial Information in Europe，INSPIRE）、欧盟全球环境与安全监测计划（Global Monitoring for Environment and Security，GMES）等。我国先后发射了气象、中巴资源、环境减灾、高分（GF）等一系列卫星，并在资源卫星中心建立了自主国产卫星的规划调度系统；中国科学院空天信息创新研究院建设了卫星接收站、航空遥感系统和重大自然灾害遥感监测系统；北京师范大学研发了灾害模拟与灾情评估系统；中国地震局、水利部、自然资源部、中国气象局、农业农村部、应急管理部等国家级部门也分别针对各自领域建立了地震、洪涝、干旱、气象、农业灾害监测及综合防灾减灾应用系统，为国家减灾救灾决策提供了重要遥感监测评估信息。与国际领先水平相比，尚有一定差距，主要表现在我国空天地基础设施一体化协同监测的关键技术集成应用薄弱。特别是目前遥感卫星尚不能实现全天时全天候监测，存在不完备的国土遥感监测缺陷，不同观测手段协同运用缺乏，迫切需要协同天基、空间和地基观测手段，实现卫星遥感为主，辅以航空有人/无人机抽样监测和地面监测，实现重大自然灾害的空天地一体化协同监测以满足应急响应的实际需要。

要实现重特大自然灾害应急响应的快速监测、准确评估和高效决策，迫切需要实现空天地一体化协同监测的关键技术集成和高效应用，发展从地表到近地空间的空天地一体化的自然灾害快速应急响应能力，为自然灾害的连续监测、应急救援的防灾减灾全过程提供不可或缺的、科学准确的数据，并增强我国应对人类生存及其环境重大挑战的能力，为全面提高国家防灾减灾能力和防范巨灾风险的能力提供重要的科技支撑。

1.1　空天地监测资源协同规划技术研究进展

本书研究的空天地监测资源指的是遥感卫星、无人机，以及地面台站资源。空天地监测资源协同任务规划包括卫星任务规划、无人机任务规划，以及空天地监测资源协同规划三个层次。本节首先介绍单一监测资源任务规划现状，然后再进一步介绍空天地任务规划研究的相关情况。

1.1.1　卫星任务规划技术研究现状

自然灾害是一个复杂的系统，如何准确、快速地获取多时空尺度信息是灾害应急观测急需解决的关键问题，对卫星对地观测系统的快速反应能力、任务协同观测能力和准确获取信息的能力提出了更高的要求。多星协同观测的关键是如何进行任务规划，即在综合考虑遥感卫星能力和用户遥感图像需求的基础上，将资源分配给相互竞争的多个观测任务，并确定任务中各具体活动的起止时间，以排除不同任务之间的资源使用冲突，并最大化满足用户的需求。

早期，由于对地观测卫星数量及载荷能力有限，用户需求相对较少，综合规划的问题并不突出，随着卫星种类、数量及用户需求逐渐增加，为了充分利用卫星资源，卫星任务规划技术显得尤为重要。目前，国内外学者针对卫星任务规划开展的研究多以常规任务为背景，以研究任务规划模型及算法为主，通常采用提前预设观测计划模式，与灾害应急观测存在较大的差异，难以满足灾害应急任务的调度。

依据卫星成像任务的地理范围大小，卫星任务规划问题分为面向点目标的卫星任务规划和面向区域目标的卫星任务规划。点目标相对较小，能够被卫星的一景影像完全覆盖；区域目标通常范围较广，需要卫星多次观测才能完全覆盖。卫星任务规划问题是一个组合优化问题，建模时需要根据具体的应用需求考虑模型中的约束条件以及优化目标。面向点目标以及面向区域目标的卫星任务规划在数学模型的描述上区别较大。

1. 面向点目标的卫星任务规划

针对点目标，不同的学者从不同的角度提出了建模方案，所建立的模型可划分为数学规划模型、图论问题模型、背包问题模型、约束满足问题模型等。上述几种模型中，数学规划模型是一类发展较为成熟的模型，对问题的目标函数和约束条件描述准确、全面、简洁，一般需要对实际问题进行简化（姜维等，2013）。图论问题模型直观、易于理解，然而在对一些实际约束的刻画方面有难度（郝会成，2013）。背包问题模型形式简单，无法表示一些复杂的约束条件，且大多描述单星任务规划问题，对多星任务规划问题建模困难（王沛和谭跃进，2008）。约束满足问题模型结构清晰，能够描述一些复杂的约束条件，适用于大规模的卫星任务规划问题（Bianchessi et al.，2007）。

在求解对地观测卫星任务规划问题时，绝大多数学者采用了近似算法。主要原因在于卫星任务规划问题是一个十分复杂的问题，而确定性算法只适用于解决小规模的单星调度问题（陈英武等，2008）。现有的近似算法主要包括智能优化算法和基于规则的启发式算法两类。智能优化算法包括遗传算法（Gonalves et al.，2008）、禁忌搜索（Gonalves et al.，2008）、模拟退火（Wu et al.，2014）、拉格朗日松弛算法等（Lin et al.，2005），在求解卫星任务规划问题方面应用较多。上述两类算法，智能优化算法通用性强，不依赖于特定问题，搜索效率高，适用于大规模求解问题，缺点是有时面临陷入局部最优的现象；启发式算法搜索过程简单、快速，缺点是具有特定的适用范围，针对特定的问题需要设计特定的启发式规则。

2. 面向区域目标的卫星任务规划

区域目标通常面积较大，单颗卫星单次成像无法完成观测任务，需要成像多次才能完全覆盖目标。按照现有的研究，可将面向区域目标的卫星规划问题分为面向单个区域和面向多个区域。

针对面向单个区域目标的单星协同观测问题，可以将整个优化问题分为区域目标分解和观测活动排序两个子问题（伍崇友，2006；Walton，2005）。其中，区域目标分解问题被视为集合覆盖问题，以达到用最少的条带覆盖目标区域；观测活动排序问题建模为整数规划模型。面向单个区域目标的多星协同观测问题，已有学者提出根据卫星的轨道参数动态分割目标区域的分割算法，首先将多星任务规划问题分解为单星任务规划的子问题，用自适应蚁群算法得到单星任务规划方案，进而用启发式算法对这些方案进行整合得到多星任务规划方案。

目前针对面向多个区域目标的任务规划问题研究较少，对于区域目标的分解方法，大多是将其分割为互不重叠的条带，将其视为点目标进行处理，未考虑不同卫星条带之间存在重叠的现象。

在早期的卫星调度系统当中，大都采用卫星静态规划方法，即假定有关卫星调度的所有信息都是确定的。而在灾害应急响应过程中，随着灾情信息的不断获取，如卫星在轨运行时其所处的环境、其自身设备的状态变化，用户必然在此过程中不断提出成像需求。这种情况下，应当对当前正在执行的规划方案进行调整，及时应对这些扰动。由于卫星执行观测计划的过程中存在诸多的不确定因素，静态规划方案难以应对这些扰动，无法最大化地发挥卫星资源效能，其实际应用价值有待提升。由于一个调度周期内的实际任务完成情况很难预测，实际成像方案的制定是一个随着扰动因素出现不断调整的多阶段的过程，即卫星动态任务规划是一个多阶段决策的过程。根据现有的相关研究，可将目前卫星动态任务规划方法归为以下四种调度方式（Ouelhadj and Petrovic，2009；Vieira et al.，2003）：完全反应式调度（completely reactive scheduling）、预测-反应式调度（predictive- reactive scheduling）、鲁棒性预测-反应式调度（robust predictive-reactive scheduling）和鲁棒性主动式调度（robust proactive scheduling）。在动态任务规划问题的研究以及实际应用中，预测-反应式调度为目前讨论的主要方向（Zakaria and Deris，2009）。对预先生成的静态最优方案进行动态调整，不仅涉及动态调整的时效性，也关系到方案动态调整的难度问题以及调整后的规划方案收益大小，尤其对于任务需求庞大的多星任务规划问题，规划难度大，重新调度成本高，得到兼顾鲁棒性和收益的规划方案在实际卫星调度中具有重要意义。鲁棒性预测–反应式调度为其提供了一种解决思路，一方面这种调度策略保证了规划方案的收益，另一方面对调整前后规划方案的差异进行了优化，减小对原方案的扰动幅度，是一种可以在实际规划调度中方便实施的方式（牛晓楠，2018）。

1.1.2　无人机任务规划技术研究现状

近年来，无人机在灾害应急与救援方面得到广泛的应用（de Cubber et al., 2014）。在灾害救援领域，系统响应速度至关重要，但传统优化方法的计算时间随着问题维度呈指数增长，很难进行实时规划和快速响应，急需研究高效的在线优化方法（张涛等，2024）。其中无人机协同任务控制就是最常用的优化方法之一。无人机协同任务控制主要包括任务规划、航迹规划和轨迹优化三个层次。无人机任务规划问题，即如何在满足各类资源约束的前提下，考虑任务之间的时序约束，将观测任务合理地分配给适当的无人机，并为无人机安排任务执行顺序（李军，2013）。

美国国防部高级研究计划局（Defense Advanced Research Project Agency，DARPA）主持的自治编队混合主动控制（Mixed Initiative Control of Automata-teams，MICA）项目和欧洲的 COMETS（Real-Time Coordination and Control of Multiple Heterogeneous UAVs）项目是早期较有影响力的无人机研究项目。MICA 项目中的协同任务规划和路径规划研究工作主要由麻省理工学院承担，旨在提高无人机的自主控制和协同控制能力。

在无人机任务规划问题建模方面，目前的主要研究思路是将问题抽象为经典问题的理论模型，然后根据无人机任务规划的具体准则和具体约束对经典模型进行扩展或改进。研究人员通常将规划调度问题转化为一些经典模型，如多旅行商问题（multiple travelling salesman problem，MTSP）模型（Secrest，2001）、混合整数线性规划（mixed-integer linear programming，MILP）模型（Alighanbari，2004）等。

在问题求解方面，由于无人机任务规划问题具有非确定多项式（non-deterministic polynomial，NP）特性，传统最优化方法计算时间复杂度和空间复杂度较高，难以在有效时间内完成问题求解，因此，目前主要研究思路是利用近似优化方法进行求解，包括粒子群优化算法（particle swarm optimization，PSO）（Bellingham et al., 2003）、遗传算法（genetic algorithm，GA）（Shima et al., 2006）等集中式求解方法和基于合同网的任务分配算法（Atkinson，2003）等分布式求解方法两类。随着近年来人工智能技术的蓬勃发展，深度学习技术使得复杂优化问题的实时在线优化成为可能，谷歌大脑在 2016 年提出了一种指针网络模型（Vinyals et al., 2015）来解决传统组合优化问题，不需要迭代搜索，神经网络可以直接输出问题的解，实现了旅行商等优化问题的快速求解。此外，近年来电磁感应、磁耦合谐振等远程无线供能技术的不断突破和发展，无线能量传输技术愈发成熟（黎深根等，2019），考虑无线充电的无人机路径在线规划技术成为新的研究热点（张涛等，2024）。

1.1.3 空天地监测资源协同规划技术研究现状

空间观测技术在近年来得到了快速发展，平台纵深和载荷类型日趋多样化，空天平台机动能力、在线处理能力、数据传输能力大幅提高，载荷观测精度和幅宽也显著改善，当前对地观测已经进入多平台、多传感器发展阶段。

目前，卫星、无人机等天、空单一平台任务规划技术已经相对成熟，但是单一平台观测资源由于其固有限制，所能发挥的观测效能较为有限。在重大自然灾害应急响应方面，应急观测请求往往需要空天地多种观测资源对灾区进行协同观测，以获得高时效性的观测数据，为及时有效的救灾行动提供依据。综合分析近年来国内外在对地观测领域的先进研究成果，空天资源协同任务规划主要从两个方向进行改进和发展。

一是面向多阶段观测任务的资源横向协同，以提高任务完成度和资源利用率为主要目标，典型代表是传感网（sensor web）技术。

二是面向应急观测任务的资源纵向协同，以提高任务完成时效性为主要目标，典型代表是快速响应空间技术。

综上所述，目前未见公开发表的研究成果综合考虑卫星、无人机、地面台站等天、空、地资源之间的协同问题，有少量文献研究了卫星和无人机的协同规划问题。但是无论是单平台的任务规划，还是多平台的任务规划，对灾害类型特点、不同灾情要素对观测资源的需求考虑较少，并且大部分的规划方案侧重于提供满足约束条件的可用资源情况，而很少有考虑可用资源的优化组合问题，发掘不同观测资源的应用价值，满足灾害应急中对灾害现场数据获取的需求。

1.2 空天地不同监测资源对灾害适应性分析

重特大自然灾害发生时，应急观测环境复杂，观测时间紧、要素多、范围大，需要协同调度的观测资源多（和海霞等，2018）。本节梳理了常用的空天地监测资源及其相关参数，对典型自然灾害案例进行了分析，总结了不同自然灾害类型应观测所关注的核心灾情要素及观测需求，最后对不同监测资源与灾害应急监测适应性进行了分析。

1.2.1 空天地监测资源

本书考虑了三类不同类型的天、空、地观测资源：卫星、无人机和地面台站，每类资源都有其特定的优势和局限。

1. 卫星资源

一般来说，卫星的优势是其在观测时可以不受地域和国界限制，且观测范围大，但是卫星运行在预先设计的轨道中，无法对某一特定目标（区域）进行持续性观测，而且针对同一目标的重访周期比较长。灾害应急中常用的卫星遥感载荷资源如表 1-1 所示。

表 1-1 重特大灾害空天地协同监测中常用的卫星遥感载荷清单

卫星	发射时间/（年/月/日）	轨道高度/km	有效载荷	波段号	光谱范围/μm	空间分辨率/m	幅宽/km	侧摆能力/（°）	重访时间	全球覆盖能力（理论）
GF-1	2013/4/26	645	全色传感器	1	0.45~0.90	2	60（2台相机组合）	±35	4 天	41 天
			多光谱传感器	2	0.45~0.52	8				
				3	0.52~0.59					
				4	0.63~0.69					
				5	0.77~0.89					
			多光谱传感器	6	0.45~0.52	16	800km（4台相机组合）		2 天	
				7	0.52~0.59					
				8	0.63~0.69					
				9	0.77~0.89					
GF-1B/1C/1D	2018/3/31	645	全色传感器	1	0.45~0.90	2	优于60（2台相机组合）	±35	2 天	41 天
			多光谱传感器	2	0.45~0.52	8				
				3	0.52~0.59					
				4	0.63~0.69					
				5	0.77~0.89					
GF-2	2014/8/19	631	全色传感器	1	0.45~0.90	1	45（2台相机组合）	±35	5 天	69 天
			多光谱传感器	2	0.45~0.52	4				
				3	0.52~0.59					
				4	0.63~0.69					
				5	0.77~0.89					
GF-3	2016/8/10	755	SAR	—	—	1~500	10~650	±31.5	3 天	29 天
GF-4	2015/12/29	36 000	可见光近红外（VNIR）	1	0.45~0.90	50	400	—	20s	
				2	0.45~0.52					
				3	0.52~0.60					
				4	0.63~0.69					
				5	0.76~0.90					
			中波红外（MWIR）	6	3.5~4.1	400				

续表

卫星	发射时间/（年/月/日）	轨道高度/km	有效载荷	波段号	光谱范围/μm	空间分辨率/m	幅宽/km	侧摆能力/（°）	重访时间	全球覆盖能力（理论）
GF-5B	2021/9/7	705	可见短波红外高光谱相机	—	0.4~0.9 0.9~2.5	30	60	±25		51天
			全谱段光谱成像仪	1~12	0.45~0.52 0.52~0.60 0.62~0.68 0.76~0.86 1.55~1.75 2.08~2.35 3.50~3.90 4.85~5.05 8.01~8.39 8.42~8.83 10.3~11.3 11.4~12.5	40/20	60			
			大气温室气体监测仪	1~4	0.759~0.769 1.568~1.583 1.642~1.658 2.043~2.058	10.5	88~788			
			大气痕量气体差分吸收光谱仪	1~4	0.240~0.315 0.311~0.403 0.401~0.550 0.545~0.710	48 000（穿轨）×13 000（沿轨）	2 609			
			大气气溶胶多角度偏振探测仪	1~8	0.433~0.453 0.480~0.500 0.555~0.575 0.660~0.680 0.758~0.768 0.845~0.885 0.745~0.785 0.900~0.920	3 500	—			
			大气环境红外甚高光谱分辨率探测仪	—	2.4~13.3	—	—			

续表

卫星	发射时间/（年/月/日）	轨道高度/km	有效载荷	波段号	光谱范围/μm	空间分辨率/m	幅宽/km	侧摆能力/（°）	重访时间	全球覆盖能力（理论）
GF-6	2018/6/2	645	全色	1	0.45~0.90	2	90	±25		41 天
			CCD	2	0.45~0.53	8	90			
				3	0.52~0.60					
				4	0.63~0.69					
				5	0.76~0.90					
			宽视场相机	6	0.40~0.45	16	800			
				7	0.45~0.52					
				8	0.52~0.59					
				9	0.59~0.63					
				10	0.63~0.69					
				11	0.69~0.73					
				12	0.73~0.77					
				13	0.77~0.89					
GF-7	2019/11/3	505	全色	1	0.45~0.90	0.8	20			57
			CCD	2	0.45~0.52	3.2				
				3	0.52~0.59					
				4	0.63~0.69					
				5	0.77~0.89					
			激光测高仪	—	1.064	—	—			

续表

卫星	发射时间(年/月/日)	轨道高度/km	有效载荷	波段号	光谱范围/μm	空间分辨率/m	幅宽/km	侧摆能力/(°)	重访时间	全球覆盖能力(理论)
HJ-2A/2B	2020/9/27	644.5	CCD相机	1	0.43~0.52	16	200（单台）800（四台）	—	4天	31天
				2	0.52~0.60					
				3	0.63~0.69					
				4	0.69~0.73					
				5	0.76~0.9					
			高光谱成像仪	—	0.45~0.95（100个谱段）0.90~2.5（115个谱段）	≤48m（0.45~0.95）≤96m（0.90~2.5）	96	±30		
			红外多光谱相机	1	0.63~0.69	48	720	—		
				2	0.73~0.77					
				3	0.78~0.90					
				4	1.19~1.29					
				5	1.55~1.68	96				
				6	2.08~2.35					
				7	3.50~4.80					
				8	10.5~11.4					
				9	11.5~12.5					
HJ-1C	2012/11/19	499	SAR	—	—	5（单视）20（4视）	40（条带）100（扫描）	—	4天	31天

续表

卫星	发射时间/ （年/月/日）	轨道高度/ /km	有效载荷	波段号	光谱范围/μm	空间分辨率/m	幅宽/km	侧摆能 力/（°）	重访时间	全球覆盖能 力（理论）
ZY1-02C	2011/12/22	780	P/MS相机	1	0.51~0.85	5	60	±32	3天	55天
				2	0.52~0.59	10				
				3	0.63~0.69	10				
				4	0.77~0.89	10				
ZY3	2012/1/9	505	HR相机	—	0.50~0.80	2.36	单台：27 两台：54	±25	3天	59天
			前视相机	—	0.50~0.80	3.5	52	±32	5天	
			后视相机	—	0.50~0.80	3.5	52			
			正视相机	—	0.50~0.80	2.1	51			
			多光谱相机	1	0.45~0.52	6	51			
				2	0.52~0.59					
				3	0.63~0.69					
				4	0.77~0.89					
ZY3-02	2016/5/30	505	前视相机	—	0.50~0.80	2.5	51	±32	3~5天	59天
			后视相机	—	0.50~0.80					
			正视相机	—	0.50~0.80	2.1				
			多光谱相机	1	0.45~0.52	5.8			3天	
				2	0.52~0.59					
				3	0.63~0.69					
				4	0.77~0.89					

续表

卫星	发射时间/(年/月/日)	轨道高度/km	有效载荷	波段号	光谱范围/μm	空间分辨率/m	幅宽/km	侧摆能力/(°)	重访时间	全球覆盖能力(理论)
CBERS-04	2014/12/7	778	全色多光谱相机	1	0.51~0.85	5	60	±32	3天	26天
				2	0.52~0.59	10				
				3	0.63~0.69					
				4	0.77~0.89					
			多光谱相机	5	0.45~0.52	20	120	—	26天	
				6	0.52~0.59					
				7	0.63~0.69					
				8	0.77~0.89					
			红外多光谱相机	9	0.50~0.90	40	120	—	26天	
				10	1.55~1.75					
				11	2.08~2.35					
				12	10.4~12.5	80				
			宽视场成像仪	13	0.45~0.52	73	866	—	3天	
				14	0.52~0.59					
				15	0.63~0.69					
				16	0.77~0.89					
BJ-2	2015/7/11	651	全色传感器	1	0.45~0.65	0.8	24	±45	1~2天	—
			多光谱传感器	2	0.44~0.51	3.2				
				3	0.51~0.59					
				4	0.60~0.67					
				5	0.76~0.91					

续表

卫星	发射时间/（年/月/日）	轨道高度/km	有效载荷	波段号	光谱范围/μm	空间分辨率/m	幅宽/km	侧摆能力/(°)	重访时间	全球覆盖能力（理论）
BJ-3	2021/6/11	500	全色传感器	1	0.45~0.70	0.5	>23	±45	1天	—
			多光谱传感器	2	0.44~0.52	2.0				
				3	0.52~0.59					
				4	0.63~0.69					
				5	0.77~0.89					
Sentinel-1	2014/4/3、2016/4/25	693	SAR	—	—	5~40	20~400	—	12/6	
Sentinel-2	2015/6/23、2017/3/7	786	多光谱传感器	2	0.46~0.52	10	290	±20.6	10/5	—
				3	0.54~0.58					
				4	0.65~0.68					
				8	0.79~0.90					
				5	0.70~0.71	20				
				6	0.73~0.75					
				7	0.77~0.79					
				8a	0.79~0.90					
				11	1.57~1.66					
				12	2.10~2.28					
				1	0.43~0.45	60				
				9	0.94~0.96					
				10	1.36~1.39					

2. 无人机资源

无人机的优势是其执行观测任务具备机动性强、灵敏性高等特点，其传感器分辨率较高且易于装载，应急观测响应时间短，可对观测目标进行一段时间的持续观测；它的不足之处在于其视场较狭窄，观测范围受地域限制，且起飞时易受复杂天气及地面环境的影响。

可联合无人机系统产业研究开发、生产制造、应用服务等相关企、事业单位、高等院校、科研机构等社会组织，部署全国无人机网络。以部署点为中心，辐射范围小于100km，可选择汽车或火车为主要交通工具，将设备运输至灾害区；以部署点为中心，辐射范围在 100~800km，可选择高铁或飞机为主要交通工具，将设备运输至灾害区；以部署点为中心，辐射范围大于 800km，选择飞机作为主要交通工具，将设备运输至灾害区。构建无人机信息库，包括每台无人机的分布地点、类型、型号、续行时间、巡航速度、最大航速、最大航高、续行里程、作业半径、抗风能力、抗雨能力、抗电磁干扰能力、可搭载的载荷类型等，便于灾害应急观测中统筹、调度。

3. 地面台站资源

地面台站针对性较强，能够定时获取监测数据，周期性强，并且受地面因素干扰小，但是地面台站获取的数据只能反映局部点状信息，不能反映面状信息。下面分别对气象站、水文站及地震台站网进行介绍。

地面气象观测是每个地面气象观测站的基本工作任务之一，地面气象观测工作的基本任务是观测、记录处理和编发气象报告。地面气象观测站按承担的观测任务和作用分为国家基准气候站、国家基本气象站和国家一般气象站，国家基准气候站每天进行 24 次定时观测，昼夜值班；国家基本气象站每天进行 02 时、08 时、14 时、20 时 4 次定时观测和 05 时、11 时、17 时、23 时 4 次补充观测，昼夜守班；国家一般气象站是按省（自治区、直辖市）行政区划设置的地面气象观测站，每天进行 02 时、08 时、14 时、20 时 4 次定时观测或 08 时、14 时、20 时 3 次定时观测，昼夜守班或白天（08~20 时）值班。

水文测站体系主要包括国家基本水文站、地表水水质站、地下水监测站等。我国水文测站从新中国成立之初的 353 处发展到 2020 年 1 月的 12.1 万处，其中国家基本水文站 3154 处，地表水水质站 14 286 处，地下水监测站 26 550 处，水文站网总体密度达到了中等发达国家水平。本书主要应用的水文监测站主要指国家基本水文站，重点关注的水文要素为水位、流量等。

目前国家地震台网中心能够实时汇集 145 个国家数字地震台、2 个小孔径台阵、6 个火山台网连续波形数据，准实时汇集 792 个区域数字地震台站的数据，并从美国地质调查局地震信息中心（United States Geological Survey/National Earthquake Information Center, USGS/NEIC）准实时汇集全球地震台网（Global Seismographic Network，GSN）77 个台站的地震波形数据；各区域地震台网中心能够通过国家地震台网中心准实时收集邻近区域地震台网部分台站的波形数据，时间延迟在 5s 之内，能够有效解决网外和网缘地震速报和地震编目问题。国家地震台网中心通过对国家数字地震台站和区域数字地震台站汇集资料的联合应用，能够对中国绝大部分地区的地震监测能力达到 ML2.5，其中对华北大部分地区、东北、华中、西北部分地区及东部沿海地区地震监测能力达到 ML2.0，部分地震重点监视防御区、人口密集的主要城市达到 ML1.5；通过全球地震台网与国家地震台网数据的联合应用，大幅度提高了对我国边境地区和国外地震的速报速度和定位精度。国家地震台网中心对国内及邻区的 Ms≥4.5 的地震速报初定位时间不超过 10min，精定位时间不超过 20min；对区域数字测震台网内 ML≥3 的地震速报时间不超过 10min；30min 之内完成对国内 Ms≥4.5 地震的震源机制解的速报。国家地震台网中心已经建立技术比较先进、功能比较齐全、基本能够满足不同用户需求的地震数据管理与服务系统，用户可以通过网站下载国家数字地震台网、各区域数字地震台网的地震事件波形数据、地震目录、震相数据、震源机制解等数据。

1.2.2　典型自然灾害应急监测需求

重特大地震灾害根据地震烈度（对应灾害造成的破坏程度），可分为特大地震灾害（烈度大于或等于 X 度，震级往往达到 8 级左右）和重大地震灾害（中心烈度达到 IX 度，震级往往达到 6 级及以上）；按照地理分布，包括西北地区地震和西南地区地震等不同区域典型场景。本书采用第一种分类方法进行后续的分析。

洪涝灾害主要包括群发性山洪（泥石流）、中小河流流域性洪涝、干支流流域性洪涝三种典型场景，影响范围与发生地的地形地貌相关。

滑坡、泥石流等次生地质灾害根据发生的规模，可分为单体灾害和群发性灾害两类。

本书对地震–地质灾害和水文–气象灾害多个典型案例进行分析，总结不同灾种所关注的核心灾情要素，具体情况见表 1-2。

表 1-2　典型自然灾害事件场景分析

灾种	分类	典型案例	受灾面积	关注核心灾情要素
地震	特大地震灾害	汶川地震	10 858km² （重灾区烈度 IX 度及 X 度）	房屋损毁；道路损毁；重大工程损毁；次生灾害（滑坡、堰塞湖）
			2 278km² （极重灾区烈度 XI 度）	
	重大地震灾害	玉树地震	173km² （重灾区烈度 IX 度及以上）	
		芦山地震	208km² （重灾区烈度 IX 度及以上）	
		鲁甸地震	87km² （重灾区烈度 IX 度及以上）	
洪涝	群发性山洪（泥石流）	岷县山洪（泥石流）	55km² （16.5km×3.3km）	洪涝淹没范围；房屋损毁；道路损毁；重大工程损毁
	中小河流流域性洪涝	抚顺特大暴雨洪涝	108km² （18km×6km）	
	干支流流域性洪涝	湖北暴雨洪涝	30km²	

灾种	分类	典型案例	受灾面积	关注核心灾情要素
滑坡、泥石流	单体灾害	四川茂县叠溪滑坡	$1.8km^2$（$2.6km×0.7km$）	房屋损毁；道路损毁；重大工程损毁；次生灾害（堰塞湖）
		深圳光明区滑坡	$1km^2$（$2km×0.5km$）	
		舟曲山洪泥石流	$5km^2$（$5km×1km$）	
	群发性灾害	汶川草坡乡次生灾害	$200km^2$	

地震灾害具有时间上的随意性、地域上的不确定性及快速变化等特点（董建国，2008）。目前遥感技术在地震灾害中主要应用于大范围灾害信息获取、设施受损情况评估等方面。在震后道路与通信设施瘫痪的情况下，可以利用无人机第一时间快速获取灾区的大范围影像，细致、全面地反映受灾情况；通过图像判读和多波段组合处理，能够提取出地震中的受灾范围、损毁道路、堰塞湖、倒塌房屋等多种专题信息，为灾情速报、损失评估和抗震救灾决策提供依据。

洪涝灾害具有持续时间短、受灾面积广、危害大等特点（徐鹏杰和邓磊，2011）。洪涝灾害发生时往往伴随着持续降水，在可见光遥感受到影响的情况下，微波遥感凭借其全天时、全天候、具有穿透性等独特优势，依然可在第一时间获取灾区的实时影像，通过解译分析得到洪水态势、淹没范围、损毁情况等资料，作为抗洪抢险工作的可靠依据。

地质灾害的发生往往会引起受灾地区的地表特征发生改变，在可见光-反射红外遥感图像中会以异于周围背景的形态、结构、纹理和色调等特征呈现出来，对此进行解译和分类后能得到相应的灾害信息；雷达图像中的明暗效应会增强图像中地形的起伏感，能够形象地识别出断层、沟渠、道路和山川等线性形迹。

针对每种灾害关注的核心灾情要素识别要求分析见表1-3。

表1-3　不同灾种关注的核心灾情要素监测需求

多灾种	全天时	多目标			
		房屋建筑	主干道路	重要工程	次生灾害
地震	白天	多光谱：房屋建筑连片倒塌（分辨率优于2m）；房屋建筑损毁（分辨率优于1m）。SAR：房屋建筑连片倒塌（分辨率优于1m）	多光谱：主干道路被大型滑坡体等阻断（分辨率优于16m）；主干道路塌陷、断裂（分辨率优于1m）。SAR：主干道路被大型滑坡体等阻断（分辨率优于1m）	多光谱：大坝溃坝、工程设施大范围坍塌（分辨率优于2m）；工程设施损毁（分辨率优于1m）。SAR：大坝溃坝、工程设施大范围坍塌（分辨率优于1m）	多光谱：大型滑坡、泥石流、堰塞湖等（分辨率优于16m）；塌陷、地裂缝等（分辨率优于1m）。SAR：大型滑坡、泥石流、堰塞湖等（分辨率优于1m）

续表

多灾种	全天时	多目标			
		房屋建筑	主干道路	重要工程	次生灾害
地震	夜晚	中、远红外： 房屋建筑连片倒塌（分辨率优于1m）； 房屋建筑损毁（分辨率优于0.5m）。 SAR： 房屋建筑连片倒塌（分辨率优于1m）	中、远红外： 主干道路被大型滑坡体等阻断（分辨率优于1m）； 主干道路塌陷、断裂（分辨率优于0.5m）。 SAR： 主干道路被大型滑坡体等阻断（分辨率优于1m）	中、远红外： 大坝溃坝、工程设施大范围坍塌（分辨率优于1m）； 工程设施损毁（分辨率优于0.5m）。 SAR： 大坝溃坝、工程设施大范围坍塌（分辨率优于1m）	中、远红外： 大型滑坡、泥石流、堰塞湖等（分辨率优于1m）； 塌陷、地裂缝等（优于0.5m）。 SAR： 大型滑坡、泥石流、堰塞湖等（分辨率优于1m）
洪水	白天	多光谱： 居民区大面积被淹（分辨率优于16m）； 房屋建筑损毁（分辨率优于1m）。 SAR： 居民区大面积被淹（优于1m）	多光谱： 主干道路被淹没（分辨率优于16m）； 主干道路塌陷、断裂（分辨率优于1m）。 SAR： 主干道路被淹没或被大型滑坡体等阻断（分辨率优于1m）	多光谱： 大坝溃坝、工程设施大范围坍塌（分辨率优于1m）； 工程设施损毁（分辨率优于0.5m）。 SAR： 大坝溃坝、工程设施大范围坍塌（分辨率优于1m）	多光谱： 洪水大致范围（分辨率优于40m）。 SAR： 洪水大致范围（分辨率优于10m）
	夜晚	中、远红外： 居民区大面积被淹（分辨率优于1m）； 房屋建筑损毁（分辨率优于0.5m）。 SAR： 居民区大面积被淹（分辨率优于1m）	中、远红外： 主干道路被淹没（分辨率优于1m）； 主干道路塌陷、断裂（分辨率优于0.5m）。 SAR： 主干道路被淹没或被大型滑坡体等阻断（分辨率优于1m）	中、远红外： 大坝溃坝、工程设施大范围坍塌（分辨率优于1m）； 工程设施损毁（分辨率优于0.5m）。 SAR： 大坝溃坝、工程设施大范围坍塌（分辨率优于1m）	中、远红外： 洪水大致范围（分辨率优于20m）。 SAR： 洪水大致范围（分辨率优于10m）
滑坡、泥石流	白天	多光谱： 居民区大面积被掩埋（分辨率优于16m）； 房屋建筑损毁（分辨率优于1m）。 SAR： 居民区大面积掩埋（分辨率优于1m）	多光谱： 主干道路被掩埋（分辨率优于16m）； 主干道路塌陷、断裂（分辨率优于1m）。 SAR： 主干道路被掩埋阻断（分辨率优于1m）；	多光谱： 大型工程设施被掩埋（分辨率优于16m）； 工程设施损毁（分辨率优于0.5m）。 SAR： 大坝溃坝、大型工程设施被掩埋（分辨率优于1m）	多光谱： 大型堰塞湖（分辨率优于16m）。 SAR： 大型堰塞湖（分辨率优于1m）

多灾种	全天时	多目标			
		房屋建筑	主干道路	重要工程	次生灾害
滑坡、泥石流	夜晚	中、远红外： 居民区大面积被掩埋（分辨率优于1m）； 房屋建筑损毁（分辨率优于0.5m）。 SAR： 居民区大面积被掩埋（分辨率优于1m）	中、远红外： 主干道路被掩埋（分辨率优于1m）； 主干道路塌陷、断裂（分辨率优于0.5m）。 SAR： 主干道路被掩埋阻断（分辨率优于1m）	中、远红外： 大型工程设施被掩埋（分辨率优于1m）。 SAR： 大坝溃坝、大型工程设施被掩埋（分辨率优于1m）	中、远红外： 大型堰塞湖（分辨率优于1m）。 SAR： 大型堰塞湖（分辨率优于1m）

1.2.3　观测资源对灾害应急监测适应性分析

从观测谱段看，可见光、近红外、短波红外至热红外谱段对各类灾害的探测均有一定的应用能力和潜力，对地震地质灾害的精细辨识可结合高光谱卫星数据；而不同波段、极化方式的微波遥感卫星则是灾害全天候监测不可或缺的重要探测手段。从空间分辨率角度看，大尺度洪涝灾害需要大幅宽、中低分辨率遥感观测能力，而对于由地震、滑坡、泥石流等灾害引起的房屋、道路等承灾体损毁，需要米级，甚至亚米级的空间辨识能力进行精细化评估。从观测频次角度看，灾害发生和发展受大气、地理环境、地质条件等因素影响，结合卫星重访周期，可实现灾害的动态监测。因此，需要通过多平台、多载荷、多时空分辨率相结合，通过高低轨、中高分辨率卫星组网提高灾害综合观测、高分辨率观测和应急观测能力（范一大等，2016）。

重特大灾害灾区现场往往地形、气象环境比较复杂且空间分布范围较大，在灾后第一时间卫星遥感无法及时覆盖或灾害目标需重点高精度观测的情况下，无人机应急监测是获取重灾区灾害现场信息的必要和可行的手段。无人机搭载高分辨率光学传感器可以满足房屋建筑损毁，主干道路塌陷、断裂，工程设施损毁等灾情要素白天监测分辨率优于1m的需求；另外，搭载红外或SAR传感器，可以夜间对灾情要素进行监测。具体实施时需要结合无人机分布情况、续航能力、对作业环境的适应性（抗风、抗雨、抗电磁干扰等）等条件，搭载合适的传感器对灾情要素监测。表1-4是常用的无人机观测地物类型与空间尺度、范围的对应关系。

表1-4　常用的无人机观测地物类型与空间尺度、范围的对应关系

地物类型	地面分辨率/cm	航向重叠度/%	旁向重叠度/%	采集面积/km²
居民区	5	60	40	0.5
道路	20	60	35	1

地物类型	地面分辨率/cm	航向重叠度/%	旁向重叠度/%	采集面积/km²
耕地	20	60	35	1
水域	50	60	35	2
堤坝	5	60	40	0.5
溃堤决口	3	70	50	0.3
滑坡体	3	70	50	0.3

相对于卫星及无人机,地面台站观测条件较稳定,可以协同空天资源定点监测灾区情况。另外,在极端情况下,当卫星及无人机均没有可用资源时,可以利用台站资源进行观测,通过灾区或邻近区域水文站或地震台网获取针对性的专业信息,保证灾区数据的获取。

1.3 空天地协同应急监测关键技术

本书在重特大灾害及灾害链应急响应、抢险、救援、搜救等动态决策需求分析基础上,开展基于任务驱动的空天地资源联合调度、协同规划模型方法研究,构建高中低轨多星协同、航天与航空协同、遥感与台站协同、多时空分辨率结合、多传感器优势互补的空天地协同监测资源规划体系。在卫星和航空遥感无法有效、完全覆盖情况下,围绕应急决策对现场信息需求特点,开展重灾区无人机应急监测空间抽样获取技术方法研究,保证应急指挥、救援和搜救信息支撑的时效性。通过基于成像机理的重特大灾害目标特征的构建以及人机交互同机器学习的优势互补,实现灾情要素快速提取。通过对不同应急阶段信息的特点分析、快速整合、汇聚以及表达方法的研究,实现应急产品的快速制作和应用支持。主要包含以下四项关键技术。

1. 灾害应急任务驱动的空天地监测资源协同规划技术

开展面向重特大灾害应急响应的空天地联合调度和协同观测技术方法研究。结合灾害发生后第一时间获取信息及灾害链演进过程的动态模拟,构建高中低轨多星协同、航天与无人机协同、遥感与台站协同、多时空分辨率结合、多传感器优势互补的空天地协同监测资源规划体系,实现灾区的尽快覆盖。研究可扩展的空天地资源编目集成与共享技术;开展基于任务驱动的空天地资源联合调度约束规划模型研究;采用分解优化策略进行观测任务分配与协同的组合优化问题求解;研发适合于空天地资源联合调度任务规划的可视化仿真系统,构建空天地资源运行轨道资源库,对仿真的场景、模型资源进行有效管理。

2. 重灾区无人机应急监测的空间抽样获取技术

重特大灾害灾区现场往往地形、气象环境比较复杂且空间分布范围较大,在卫星和航空遥感无法有效覆盖或灾害目标需重点高精度观测的情况下,围绕应急指挥、抢险和搜救决策现场信息具体需求,开展重灾区无人机应急监测空间抽样获取技术方法研究。结合灾害成灾机理(水灾、地震)、发灾位置、发灾时间等简要信息,开展居民聚集区、重要生命线（道路）、重大工程设施以及重灾区等优先观测区域的圈定设计，形成面状、条带相结合的无人机应急监测空间抽样优化模型和飞行区域、路线设计。实现对抽样点高分遥感监测灾情信息获取和重灾区灾情评估的有效支持，保证大范围应急指挥、救援和搜救的时效性。

3. 重特大灾害目标特征构建及灾情要素快速提取技术

结合空天地协同监测资源不同传感器成像机理、指标参数、数据特点，从光谱、形态、纹理、大小、空间分布、色调、颜色、阴影、反差等不同方面，开展应急响应与救援决策的核心灾害目标遥感特征分析，形成完整表达灾害目标的特征维度空间。在此基础上，将多种特征识别的算法同机器学习等技术手段紧密结合，通过融入先验知识和数据同化方法，提高地表灾害要素和高价值时敏目标检测精度，攻克重特大地震重灾区倒塌房屋范围、应急救灾主要道路损毁分布，以及洪水重灾区洪水淹没范围、溃坝决口分布等核心灾情要素快速提取技术，为抢险救援、应急决策提供信息支持。

4. 分级灾害信息产品空天地数据协同应急制作技术

聚焦重特大灾害应急响应、抢险、救援、搜救等动态决策需求，开展复杂孕灾环境背景下空天地数据协同监测灾害信息产品应急制作技术研究。基于灾区影像，结合灾害简要信息、历史资料和长时间序列"一带一路"陆表生态环境遥感产品，研究多类型背景信息和现场信息的快速整合、汇聚、表达技术方法。针对多尺度空天地遥感数据源特点和灾情要素目标特征，研究满足不同应急时间节点、不同灾害决策辅助信息支持需求的产品快速制作技术流程，构建包含灾害背景信息、概要灾情信息和核心灾情信息三级产品应急制作技术体系。

第 2 章 面向灾害应急任务的空天地监测资源协同规划

重特大自然灾害具有突发性强、波及面广、危害性大等特点，传统的地面监测技术越来越难以满足大范围、多时相、快速响应的灾害应急观测需求。遥感技术由于其宏观、快速、准确的对地观测优势，已逐渐成为防灾、减灾、救灾领域不可或缺的技术和信息支持手段。目前我国已经初步建成了以陆地、气象和海洋卫星为代表的航天遥感空间基础设施，以有人机、无人机为代表的航空遥感平台，以水利、地震行业部门为代表的地面监测网络。重大自然灾害监测已从传统单一地面监测发展到空天地一体化监测网的新阶段，观测任务对时效性、准确性及时空覆盖有更高的要求。对地观测传感器的种类和数量不断增多与丰富，但同类或异构观测平台之间如何高效协同仍然是一个难题。天基、空基、地基观测各具优势，灾害发生后，救灾、灾情评估和灾后重建等不同阶段具有不同的观测需求，需要观测平台间的互补观测和应急协同。目前，不同观测手段协同运用缺乏，迫切需要协同天基、空基和地基观测手段，实现重特大自然灾害的空天地一体化协同监测以满足应急响应的实际需要。

2.1 空天地监测资源协同规划总体方案

自然灾害是一个十分复杂的过程，完备的灾害监测体系是灾害防治体系建设的重要支撑和保障，要在充分认识灾害系统性、复杂性和全过程等特点的基础上，利用空天地一体化的立体监测手段，对灾害开展全方位、全链条的动态监测（杨思全，2018）。综合考虑自然灾害类型及观测需求、现有的监测资源特点，构建空天地监测资源协同规划体系，设计基于灾害演进过程的动态规划策略，对空天地协同监测流程进行梳理，最大化满足灾害应急观测需求。

考虑重特大灾害演进及救灾过程中对数据的需求，空天地监测资源协同监测过程分阶段动态调整，每个阶段基本的监测流程包括观测需求分析、任务规划、数据获取及数据整合4个环节，如图2-1所示。观测需求分析可根据灾害类型及等级、灾区社会经济、地理与地震环境以及天气条件等，快速综合确定遥感影像获取手段和传感器类型。任务规划可根据选定的影像获取手段设定观测条件，进行观测任务规划。数据获取可根据任务规划方案获取卫星、无人机及台站数据。数据整合是对获取的数据进行规范化处理，满足时空基准一致性，便于数据接收部门应用，并且根据实际观测需求，对多种数据源进行融合，充分发挥多种平台、多种载荷、多种数据源协同优势。空天地资源协同监测总体方案如图2-1所示（Yu et al., 2018）。

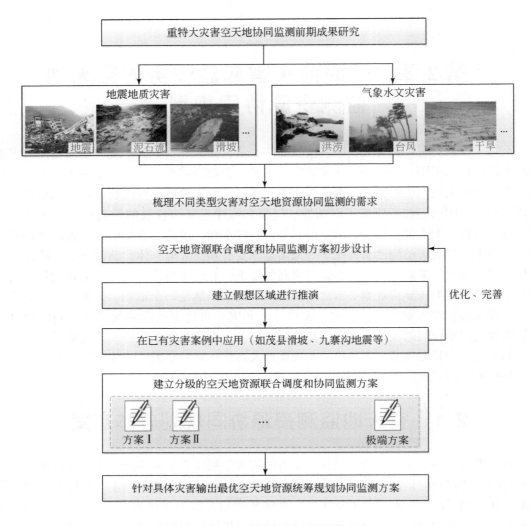

图 2-1 空天地资源协同监测总体方案

2.1.1 协同监测体系

灾害应急条件下，监测任务具有非常大的不确定性、异常的复杂性和很高的优先性等，同时应急监测任务请求类型多样，如多传感器覆盖监测、多时相监测、持续不间断监测。聚焦重特大灾害及灾害链应急响应、抢险、救援、搜救等动态决策需求，构建高中低轨多星协同、航天与无人机协同、遥感与台站协同、多时空分辨率结合、多种传感器协同的空天地监测资源协同规划体系（图2-2）。

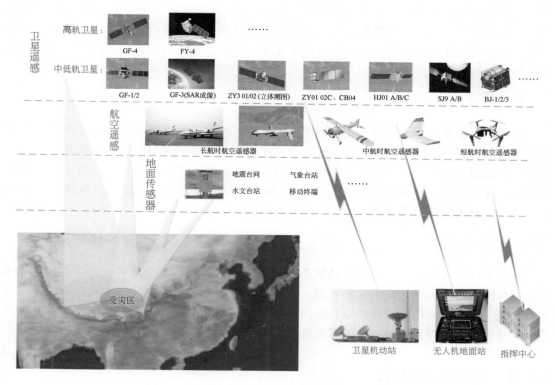

图 2-2　重特大灾害空天地监测资源协同规划示意

1. 高中低轨多星协同

高轨卫星时间分辨率较高,空间分辨率较低,观测刈幅大,可以对灾区整体灾情信息进行分析评估,实现灾情的快速粗评。中低轨卫星时间分辨率较低,空间分辨率较高,可以对重点区域灾情细节进行研判。高中低轨卫星协同观测可以实现整体灾情到局部重点区域灾情的多尺度评估分析,为灾情救援提供有力的支撑。

2. 航天与无人机协同

对地观测卫星能从太空中获取地面遥感信息,与其他空间数据获取资源相比,对地观测卫星具有不受国界和空域限制、在轨运行时间长、观测覆盖范围广等优势。但卫星受自身的固定轨道限制,并且易受复杂天气影响,不能满足特定时空分辨率的观测要求。无人机具有灵活、空间分辨率高、便于操控的优点,但观测范围小,飞行易受复杂天气及地面观测环境影响。无人机观测可以作为卫星观测的一种补充手段,当不能获取有效卫星数据时,可以利用无人机获取数据。

3. 遥感与台站协同

遥感可以同时获取地表全要素数据,对区域目标进行观测,但是针对专题性信息,需要对影像进行识别和提取。地面台站针对性强，能够直接获取专题数据，并且周期性较强，受地面因素干扰小，但是地面台站获取的数据只能反映局部点状信息，不能反映面状信息。遥感与地面台站协同，可以进行优势互补，实现点观测与面观测的结合，以及多要素与单要素的结合。

4. 多时空分辨率结合

地理环境是由不同大小的真实地理实体组成的，用一个尺度去识别影像中所有的类别是不合适的。景观空间异质性决定了地表信息在不同的空间尺度具有不同的应用模型，只有在最合适的尺度下观察和分析地物才会取得较好的效果。多时空分辨率结合是为了满足不同灾害应急需求，快速获取数据，有效结合宏观与微观需求，既能对灾区进行全面观测，又可以对灾区重点区域进行深入、细致的研判。

5. 多种传感器协同

针对不同的灾害类型、不同的观测条件，光学传感器可以直观地反映地表信息；SAR传感器可以进行全天时、全天候的观测，并且具有一定的穿透性；红外传感器可以进行全天时观测。利用多种传感器对指定目标区域进行协同观测，具有观测时间短、覆盖范围广等多方面优势，可以弥补单一传感器观测的不足。

2.1.2 协同观测流程

灾害发生后，接入应急任务，启动协同观测规划任务，根据灾害发生的具体条件，输出最优的观测方案，一方面，根据最优观测方案要求形成卫星上注指令，调度目前自主可控的高低轨、多时空分辨率及多传感器的卫星资源，获取灾区卫星观测数据，形成卫星对地观测共性数据产品，为灾情要素提取、应急产品制作等提供数据保障；另一方面，在卫星遥感无法有效、完全覆盖的情况下，根据输出的观测方案，启动无人机飞行规划指令，调度可利用的无人机群，包括长、中、短时多类型的航空遥感器，开展重灾区无人机应急监测，提供灾区的无人机观测数据。同时，在协同规划过程中，将结合地面台站网点资源分布情况，为灾区数据的获取提供支撑。

考虑重特大灾害演进及救灾过程中对数据的需求，空天地监测资源协同监测过程分阶段动态调整，每个阶段基本的监测流程包括观测需求分析、任务规划、数据获取及数据整合4个环节，技术流程见图2-3。观测需求分析可根据灾害类型及等级、灾区社会经济、地理环境以及天气条件等，快速综合确定遥感影像获取手段或传感器类型。任务规划可根据选定的影像获取手段设定观测条件，进行观测任务规划。数据获取可根据任务规划方案获取卫星、无人机及台站数据。数据整合是对获取的数据进行规范化处理，满足时空基准一致性，便于数据接收部门应用，并且根据实际观测需求，对多种数据源进行融合，充分发挥多种平台、多种载荷、多种数据源协同优势。

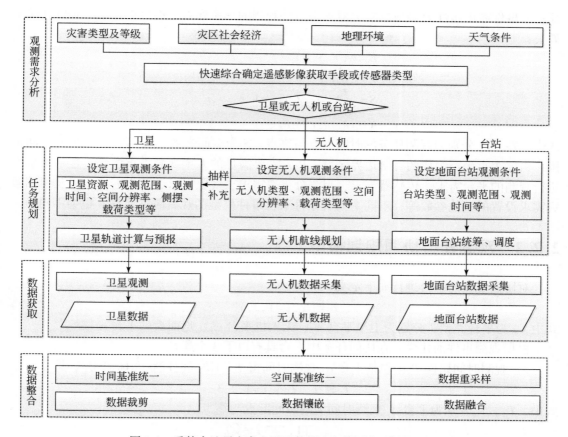

图 2-3   重特大地震灾害空天地数据应急协同获取技术流程

2.2   空天地监测资源协同任务规划方法

针对空天地多源遥感观测平台对重大自然灾害进行协同观测的应用趋势，从救灾与灾情评估应用需求出发，对观测任务进行事件建模，提出基于事件时间、空间与观测需求参数集的观测任务协同规划模型。通过不同协同模式下观测事件的建模与协同求解，实现观测任务在协同观测平台之间的分配。

2.2.1   灾害应急观测事件建模

事件建模是对发生的灾害需要实施怎样的观测任务进行建模。从观测的角度将灾害应急观测事件描述为一个或多个观测要素的集合。假设需要观测的事件为 E，事件 E 的属性分别为：事件时间属性 T、事件空间属性 S 和事件需求属性 P。一旦事件发生，事件即具有时间与空间属性。事件时间属性 T 表示事件发生的时间或需要被观测到的时间参数，可以为一个瞬时时刻或一个时间间隔；事件空间属性 S 描述事件发生地的位置和空间分布特征；而事件需求属性 P 是应急救灾对灾害事件观测的一系列需求参数集合。建立事件模型如下：

$$
\begin{aligned}
&E = E(T, S, P) \\
&T = [T_s, T_e] \\
&S = \{(X_i, Y_i, Z_i), i = 1, 2, \cdots, n\} \\
&P = \{p_1, p_2, \cdots, p_k\}
\end{aligned}
\tag{2-1}
$$

式中，T_s、T_e 分别为观测任务的时间起点与终点；S 为空间参数，表示需要观测的空间范围，由 n 个点坐标组成的有限边界区域；P 为需要满足的 k 个观测需求参数，包括对事件进行观测的平台需求、传感器需求、观测分辨率需求、气象需求、成本需求，以及根据救灾需求设置的其他参数等，不同 T 与 S 条件下，事件模型的观测需求参数 P 也会不同。

2.2.2 观测任务协同规划模型

对协同观测的平台进行如下定义：

$$
\alpha = \{\alpha_i, i = 1, 2, 3\}
\tag{2-2}
$$

式中，i 为平台类型，分别为卫星平台 α_1、无人机平台 α_2、地面台站平台 α_3。

根据观测事件的建模，在协同任务中平台具有以下 3 个属性。

1）观测时间属性 T_α，包括平台 α_i 观测时间窗 T_i 与协同时间状态标记 M_{T_i}，即

$$
T_i = [T_{is}, T_{ie}], i = 1, 2, 3
\tag{2-3}
$$

式中，T_{is}、T_{ie} 分别为平台 α_i 观测时间窗的时间起点与终点。

$$
M_{T_i} = \begin{cases} 1, & T_i \cap T \neq \varnothing \\ 0, & T_i \cap T = \varnothing \end{cases}
\tag{2-4}
$$

如果平台 α_i 观测时间窗与式（2-1）中事件的时间有重合，则平台 α_i 可以在事件 E 的 T 时间段内运行。式（2-4）中 $M_{T_i} = 1$ 表示平台 α_i 可以执行观测任务，反之，$M_{T_i} = 0$ 表示平台 α_i 不可以执行观测任务。

观测空间属性 S_α，包括平台 α_i 在 T_i 时段内的观测空间范围 S_i 与协同空间状态标记 M_{S_i}，即

$$
S_i = \{(X_{il}, Y_{il}, Z_{il}), i = 1, 2, 3; l = 1, 2, \cdots, m\}
\tag{2-5}
$$

式中，S_i 为 m 个点坐标组成的有限边界区域；X_{il}、Y_{il}、Z_{il} 分别为对应的点坐标参数。

$$
M_{S_i} = \begin{cases} 1, & S_i \cap S \neq \varnothing \\ 0, & S_i \cap S = \varnothing \end{cases}
\tag{2-6}
$$

式中，$M_{S_i} = 1$ 表示平台 α_i 的观测范围与事件 E 的空间属性 S 存在交集，即平台 α_i 对事件 E 有观测覆盖，否则为 0。可知平台 α_i 在 T_i 时段内对事件 E 的空间覆盖率为

$$
A_{\alpha_i} = \frac{S_i \cap S}{S}
\tag{2-7}
$$

2）观测性能属性 P_α，包括平台 α_i 的观测性能属性 P_i 和观测性能状态标记 M_{P_i}，即

$$
P_i = \{p_{i1}, p_{i2}, \cdots, p_{ik}\}
\tag{2-8}
$$

$$M_{P_i} = M_{P_{i1}} M_{P_{i2}}, \cdots, M_{P_{ik}} \tag{2-9}$$

$$M_{p_{ij}} = \begin{cases} 1, (p_{ij} \in P) \\ 0, (p_{ij} \notin P) \end{cases}, j = 1, 2, \cdots, k \tag{2-10}$$

式中，P_i 为描述平台 α_i 观测性能的 k 项参数，包括搭载的传感器参数、观测数据类型参数、观测数据分辨率参数等；当 $p_{ij} \in P$，即平台 α_i 具有获取当前事件观测第 j 项需求参数的能力时，$M_{p_{ij}} = 1$，否则为 0。

任务协同规划模型描述空天地多源观测平台协同实现对事件 E 的最大效益化观测。根据事件的时间、空间与需求参数集合，以及各平台的观测属性，建立空天地观测任务协同规划总体模型的目标函数为

$$\max F\{E(T, S, P)\} = \max \left(\gamma_T \frac{A_\alpha}{t_\alpha} + \gamma_S A_\alpha + \gamma_P \sum_{i=1}^{3} \sum_{j=1}^{k} \omega_i^j M_{p_{ij}} / N_i \right) \tag{2-11}$$

式中，A_α 为协同观测的总空间覆盖率；t_α 为协同任务的总执行时间；γ_P、γ_T 与 γ_S 分别为协同任务中观测性能、时间效能、空间覆盖性能的权值，取值范围为 $[0, 1]$；ω_i^j 为平台 α_i 获取 k 项观测需求中第 j 项需求参数能力的权值，取值为范围为 $[0, 1]$；N_i 为协同平台类型数目。

γ_P、γ_T 与 γ_S 取值的大小，体现观测任务对 3 项性能的侧重需求，值越大，表示对该项性能的需求在任务效益中的占比越大。目标函数能实现对观测任务时效性能、空间覆盖性能以及观测性能 3 个指标的综合评价，以保证对观测目标获得最大化任务效益。

时效性能为 A_α / t_α，代表单位时间内对目标区域的观测覆盖比例，描述任务执行的效率。根据协同任务中对平台属性的定义，可得

$$t_\alpha = \max\{T_{ie} M_{T_i}\} - \min\{T_{is} M_{T_i}\}, i = 1, 2, 3 \tag{2-12}$$

或

$$t_\alpha = \sum_{i=1}^{3} (T_{ie} - T_{is}) \tag{2-13}$$

3）空间覆盖性能 A_α，表示任务对目标区域的总覆盖度，根据式（2-7）可得

$$A_\alpha = \frac{\left(\sum_{i=1}^{3} S_i\right) \cap S}{S} \tag{2-14}$$

可知，A_α 取值范围为 $[0, 1]$，0 表示没有覆盖，1 表示全覆盖。

观测性能为 $\sum_{i=1}^{3} \sum_{j=1}^{k} \omega_i^j M_{p_{ij}} / N_i$，表示任务对观测需求参数集 P 满足的程度。实际应用中，采用分级设定的算法量化该值：优于该项参数要求时，取值为 1；较高满足该项参数要求时，取值为 0.8～1；中等满足该项参数要求时，取值为 0.6～0.8；基本满足可用该项参数要求时，取值为 0.4～0.6；少量满足该项参数要求时，取值为 0.2～0.4；不具备获取该项参数能力时，取值为 0。

2.2.3 资源协同观测求解

由于各平台均可能获取对事件的观测信息，且各平台相互之间联系并不紧密，观测任

务的协同是在现有平台资源条件下，以满足观测需求为第一准则，实现对事件的协同观测。资源协同观测求解流程如图 2-4 所示，首先构建观测事件模型 $E\ (T,\ S,\ P)$，将事件 E 的 T、S、P 参数作为协同任务的时间集合、空间集合与观测需求集合，进行集合求解，获得协同平台对应的 T、S、P 参数。

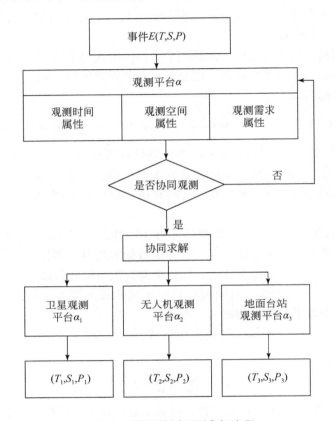

图 2-4　资源协同观测求解流程

1）根据观测需求构建事件观测模型 $E\ (T,\ S,\ P)$，并利用 T、S、P 参数求解平台 α_i 是否可以协同观测的标记矩阵 $\boldsymbol{M}_\alpha$，即

$$\boldsymbol{M}_\alpha = \begin{vmatrix} M_{T_1} & M_{T_2} & M_{T_3} \\ M_{S_1} & M_{S_2} & M_{S_3} \\ M_{P_1} & M_{P_2} & M_{P_3} \end{vmatrix} \tag{2-15}$$

当 $M_{T_i} M_{S_i} M_{P_i} = 1$（$i=1$，2，3）时，平台 α_i 进入协同观测状态。

2）确定协同观测平台启用的优先级 $\lambda_\alpha = [\lambda_1,\ \lambda_2,\ \lambda_3]$，$\lambda_i \in (0,\ 1)$。平台可观测时间窗离事件 E 观测时间窗 T 越近，则优先级越高，优先启用。权值大的平台对应的 T、S、P 参数作为下一级权值低的平台 T、S、P 的确定依据。

3）选取优先级最大 $\lambda_i = \max(\lambda_\alpha)$ 的平台 α_i，计算该平台在事件 $E(T,\ S,\ P)$ 建模条件下的 $E_{\alpha_i}(T_i,\ S_i,\ P_i)$，$E_{\alpha_i}(T_i,\ S_i,\ P_i) \subseteq E(T,\ S,\ P)$ 为平台 α_i 在协同任务中的输出，将

λ_i 从 λ_α 中移除。

4）将剩余任务 $E(T,S,P)-E_{\alpha_i}(T_i,S_i,P_i)$ 赋予步骤3）中剩余平台里权值最大的平台 α_j，计算该平台在事件 $E(T,S,P)-E_{\alpha_i}(T_i,S_i,P_i)$ 条件下的输出 $E_{\alpha_j}(T_j,S_j,P_j)$。

5）重复步骤3）和步骤4），直至任务事件 $E(T,S,P)$ 完全被执行或三类平台全部调用完毕。

2.2.4 资源协同观测的组合优化

资源协同观测的组合优化设计充分调研了国内外现有空天地监测资源，包括50颗国内外民用、公益、商业遥感卫星（覆盖了高中低轨、光学、红外、雷达等传感器类型）、全国可协同的无人机资源（168个站点）、全国水文台站（2410个）、国家级地震台站（145个）资源，并在此基础上，针对不同的灾害类型，完成了不同观测资源对灾害适应性分析和协同观测组合优化方案研究。

| 第 3 章 |　重特大灾害应急驱动的多星
任务规划技术

多星协同任务规划是指在卫星运行期间，在满足各类卫星约束的条件下，为每个对地观测任务合理分配遥感器资源、观测时间窗等，通过多颗卫星相互协作完成复杂任务，以实现任务执行效率整体优化、满足用户多样化的复杂需求的活动。灾害应急观测具有突发性、时间集中性和空间集中性，重特大灾害需要无条件抢占现有卫星资源。在灾害应急条件下，如何就现有卫星资源进行综合规划，进一步缩短灾害响应时间，满足灾害应急观测需求，已成为一个十分迫切的需求。

本章按照层层递进的思路进行介绍。首先，对多星任务规划问题进行分析，明确其基本概念。然后，对多星任务规划求解过程进行梳理，在此基础上，阐述观测任务处理算法，构建多星观测任务规划模型。最后，对多星观测任务规划问题求解，得到多星任务规划方案。

3.1　多星任务规划问题描述

对地观测卫星通常运行在极轨道或者太阳同步轨道，按照相对固定的高度，绕地球高速飞行，而且卫星的观测视场角范围也相对固定。为了扩大观测范围，对地观测卫星一般都具有侧摆能力，能够观测到偏离星下线的目标。当卫星侧摆后，可以观测到一个以星下点轨迹为中心线的带状区域，在这个带状区域内的地面目标理论上都有机会被卫星观测到。由于卫星轨道固定，经过轨道预报，可以预知卫星经由某个区域上方的时间，该可见时段称为卫星对目标的观测时间窗口（余婧，2011）。但同一时刻卫星只能观测有限的地面目标，不能同时完成多个目标的观测，所以需要设计与卫星特点相匹配的任务规划算法，在满足一定对地观测约束条件下，对求解问题进行假设及简化，对观测需求进行综合评估和取舍，最终安排满足卫星和地面资源要求的调度方案，满足用户的观测要求。

3.1.1　对地观测约束条件

对地观测卫星是一个有机工作整体，需要轨道控制、姿态控制、有效载荷、数据传输、电源控制等各部分协同工作才能完成对地观测，所以成像卫星进行成像时必须满足一定的约束条件。约束条件是成像卫星执行各种成像动作、存储以及传输数据时都需要遵守的规定和限制，是保证成像卫星安全、准确执行任务的前提。约束条件可以分为任务约束、资源约束两类。

任务约束是用户为实现特定的观测目的提出的具体要求。为任务安排卫星资源以及执行时间时，必须满足各种任务约束。任务约束主要包括观测目标类型约束、任务的时效性约束、观测波段约束、空间分辨率约束、任务的周期性要求和能满足成像质量要求如气象条件等其他约束。

资源约束主要为卫星资源使用时的约束条件，具体如下。

（1）成像卫星观测目标的时间窗口约束

成像卫星在近地轨道高速运行，星载遥感器具有一定视场角，能够覆盖地面一定范围的目标。只有当卫星与目标间具有时间窗口时，目标处于卫星的可观测范围内，成像卫星才能对目标进行观测。

（2）星载遥感器的类型和最佳地面分辨率约束

星载遥感器的类型主要包括可见光成像、高光谱成像、红外成像、微波雷达成像等几类。不同类型的遥感器能够从不同角度获取目标的信息。另外，星载遥感器通常具有一定的地面分辨率，能够满足不同用户的需求。此约束主要是针对卫星的能力而言的，卫星不能执行超出其能力要求的任务。

（3）星载遥感器的唯一性约束

同一时刻，卫星遥感器只能采用一种侧视角度对地面目标成像。

（4）卫星存储器的容量约束

星载的存储器容量有限，卫星成像获取的数据不能超出其存储器容量限制。

（5）卫星最大工作时间约束

为保护卫星载荷，卫星具有单天的累计最大工作时间限制。

（6）卫星遥感器在单个轨道圈次内的最大侧视成像次数约束

受卫星侧摆机动性能限制，卫星在每个轨道圈次内，只能完成有限次数的侧视成像动作。

（7）成像卫星的能量约束

成像卫星的能量消耗主要在于其成像工作时间以及侧摆动作，卫星消耗的能量不能超出其最大能量限制。

（8）成像卫星观测活动间的转换约束

卫星的两个连续成像活动间必须具有足够的时间间隔保证星载遥感器进行姿态转换，包括卫星侧摆转动时间及侧摆后的稳定时间。

（9）外部条件约束

对于可见光遥感器来说，为保证一定的成像质量，其成像时必须满足一定的外部条件，如最小太阳高度角、云层厚度等。

3.1.2 问题基本假设和简化

实际问题往往是非常复杂的，解决实际问题时也往往只能抓住其中比较关键的因素，而忽略一些次要因素，避免增加模型求解的难度。考虑任务合成的成像卫星调度问题涉及的对象较多，对象间约束关系也比较复杂，在考虑应急实际应用需求，本书将卫星调度问题进行了简化：将应急观测目标类型分为点目标和区域目标、优先对人口密度较大的区域进行成像、观测任务等级按应急响应等级划分。

本书根据我国灾害应急响应分级，设计三级灾害应急观测任务等级（表3-1），包括最高级别（Ⅰ级）、次高级别（Ⅱ级）、优先级别（Ⅲ级），其收益分别用3、2、1表示。当应急响应等级相同时，以人口密集程度为优先观测条件。

表 3-1 灾害应急观测任务等级划分

应急响应分级	观测任务等级	调用的卫星资源
Ⅰ级	最高级	调用一切可用的卫星资源
Ⅱ级	次高级	优先调用与灾害种类观测适用性较高的卫星资源
Ⅲ级	优先级	优先调用与灾害种类观测适用性较高的中、高分辨率卫星资源

3.2 考虑任务合成的多星任务规划问题求解过程

一般问题的求解过程基本上可以划分为建模和求解两个阶段。就考虑任务合成的成像卫星调度问题而言，其中包含资源约束和任务约束，约束条件比较复杂。另外，任务中包含了点和区域目标，区域目标在调度前必须首先进行任务分解。因此，在建模前添加了任务处理阶段，用于分析用户任务需求并对任务进行规范化处理及任务分解，在任务分解过程中处理任务约束，为建模过程准备数据。如图3-1所示，考虑任务合成的成像卫星调度问题的求解过程可以划分为三个主要阶段（白保存，2008）。

图 3-1 多星任务规划问题求解过程

任务处理阶段主要获取任务需求、资源属性、卫星的轨道信息以及气象信息。根据任务的相关属性，选择满足条件的卫星资源，并依据卫星对任务的时间窗口对任务进行分解。通过任务分解，将点目标、区域目标统一描述为元任务，并作为模型的输入数据。任务分解过程中删除了不满足任务约束（图像类型和最小地面分辨率、有效观测时段等约束）的卫星资源以及时间窗口，从而使问题得到了一定程度的简化，有效削减了不必要的搜索空间。因此，在建模之前，首先讨论了任务的分解方式，并在任务分解过程中对任务约束进行一定处理。

建模阶段主要依据成像卫星的使用约束条件，以及卫星对任务的合成观测需求，对问题进行抽象，建立了考虑任务合成的成像卫星调度模型。建模过程中，将任务分解的元任务作为调度的基本对象，定义合成任务描述合成观测活动，并依据卫星的运行约束，建立了问题的数学模型。

求解阶段，针对问题模型设计并实现求解算法，对模型进行求解，以确定每颗卫星的合成观测方案，并输出调度结果。

3.3 多星观测任务处理算法

为了将点目标及区域目标两类目标综合调度，本书将点目标视为一类特殊的"区域目标"，对点目标按照卫星的观测机会也进行"分解"，并得到多个子任务，把两类目标分解后的子任务统称为元任务（atomic task）。元任务的意义在于，可以由单颗卫星一次观测完成，并且是不可再分的原子任务。将它们统称为元任务，有利于对任务统一描述和处理，避免两类目标的差异。另外，两类目标在收益计算上具有特殊性，采用分别定义收益函数的方式兼顾二者差异，实现了对两类任务的综合调度。

3.3.1 区域目标分解

区域目标由于其特有的"面"特性，不能被卫星遥感器的一个视场或一个条带覆盖，必须首先分解为多个子任务，再安排卫星进行观测。成像卫星对区域目标的调度中，区域目标分解是关键环节，任务分解方式决定了子任务间的关系，也很大程度上影响了卫星对区域目标的观测效率（白保存，2008）。因此，对于包含区域目标的灾害应急观测任务，首先要对区域目标进行分解。

现有区域目标分解主要有 4 种方法：①将区域分解转化为集合覆盖问题，依据单景分解，经过分解后，区域目标调度被转化为针对这些独立场景的点目标调度（Walton，2005）。②采用预定义的参考系统分解，参考系统按照一定的坐标系，将全球划分为多个带有编号的场景；按照预定义的参考系统对区域进行分解时，只需要检索与区域目标相关的场景，并进行规划即可。③依据卫星的飞行径向和遥感器幅宽，将区域分解为固定宽度的平行条带。④按照每颗卫星的遥感器幅宽、侧摆性能等参数，在多个时间窗口内对区域目标进行重复分解（Lemaitre et al.，2002）。

前 3 种方法属于静态分解方法，采用前 3 种方法必须提前确定分解的参数（单景大小、条带宽度及划分方向），并采用固定参数进行分解。当使用多颗卫星观测区域目标时，由于不同卫星在轨道倾角及星载遥感器幅宽等参数上均存在差异，若采用这些分解方法，将不能体现不同卫星的性能差异，不能充分发挥卫星的观测能力，会降低对区域目标的观测效率。因此，前 3 种方法只适用于单颗卫星对区域目标观测的情况。第 4 种方法属于动态分解方法，能够满足多星对区域目标的观测需求，并提高卫星对区域目标的观测效率，因此，采用动态分解方法将区域目标分解为多个元任务，其基本思想是：采用立体几何计算卫星在某侧视角度下，对区域目标的覆盖范围；按照每颗卫星的遥感器幅宽以及飞行径向，在多个时间窗口内对区域目标进行重分解，此方法依据不同卫星遥感器性能参数分解区域，考虑了不同卫星遥感器性能的差异，能够充分发挥不同卫星的观测能力，区域目标任务分解过程如下：

设卫星集合 $S = \{s^1, s^2, \cdots, s^{N_s}\}$，区域目标集合 $T_P = \{t_1, t_2, \cdots, t_{N_T}\}$。卫星 s^j 的最大侧视角度为 $\max g^j$，最小侧视角度为 $\min g^j$，传感器视场角为 $\Delta\theta^j$，分解时的角度偏移量为 $\Delta\lambda$。

设规划时段内，卫星 s^j 对区域目标任务 t_i 的时间窗口数量为 N_{ij}，卫星 s^j 在第 k 个时间窗口内对任务 t_i 进行分解，得到的子任务数量为 N_{ijk}，o^j_{ikv} 表示卫星 s^j 在第 k 个时间窗口内对任务 t_i 进行分解，得到的第 v 子任务。为便于表述，进行如下定义：

任务 t_i 依据卫星 s^j 的第 k 个时间窗口分解的元任务集合 $O^j_{ik} = \{o^j_{ik1}, o^j_{ik2}, \cdots, o^j_{ikN_{ijk}}\}$，其中 $k \in [1, N_{ij}]$。

任务 t_i 依据卫星 s^j 分解的元任务集合 $O^j_i = \{o^j_{i1}, o^j_{i2}, \cdots, o^j_{iN_{ij}}\}$。

任务 t_i 分解的元任务集合 $O_i = \{o_{i1}, o_{i2}, \cdots, o_{iN_S}\}$。

因此，任务 t_i 分解后的子任务集合可以表示为

$$O_i = \overset{j=1}{\underset{N_S}{\cup}}\overset{k=1}{\underset{N_{ij}}{\cup}}\overset{v=1}{\underset{N_{ijk}}{\cup}} o^j_{ikv}, i \in \{1, 2, \cdots, N_T\} \tag{3-1}$$

区域目标任务分解流程如图 3-2 所示。

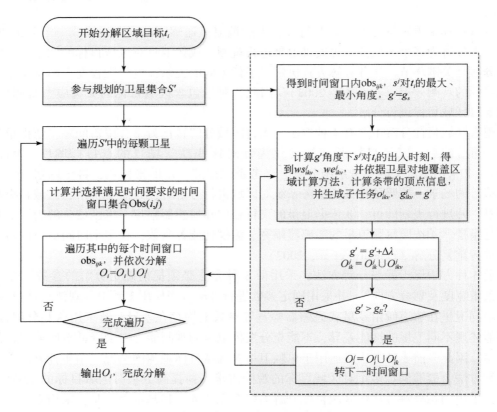

图 3-2　区域目标任务分解流程

1）遍历 T_P 中的每个区域目标。针对区域目标 t_i 的观测要求，选择可用卫星集合 S'。

2）遍历 S' 中的每个卫星，根据每颗卫星 s^j 对 t_i 进行分解。

3）根据卫星轨道预报模型，计算 s^j 与 t_i 的时间窗口集合 Obs (i, j)，并删除其中不满足 t_i 时间要求的时间窗口。

4）遍历 Obs (i, j) 中的每个时间窗口 obs_{ijk}，根据每个时间窗口进行分解。①得到时间窗口 obs_{ijk} 内，卫星 s^j 指向区域目标 t_i 顶点的最小、最大角度 $g (i, j)_{min}$，$g (i, j)_{max}$。②得到时间窗口 obs_{ijk} 内，卫星对 t_i 有效观测的最小角度 g_S、最大角度 g_E

$$g_S = \max\left\{g(i,j)\frac{1}{2}^j \min g_{min}^j \{\}\right\} \tag{3-2}$$

$$g_E = \min\left\{g(i,j)\frac{1}{2}^j \max g_{max}^j \{\}\right\} \tag{3-3}$$

③按照不同的观测角度 g' 对区域进行分解。g' 从最小角度 g_S 开始，以 $\Delta\lambda$ 为角度偏移量进行偏移，直至最大角度 g_E 结束。④在每种观测角度 g' 下，均生成一个子任务 o_{ikv}^j，o_{ikv}^j 的观测角度 g_{ikv}^j 为 g'，其开始时间 ws_{ikv}^j、结束时间 we_{ikv}^j 分别为卫星采用 g' 角度观测时，出入区域目标的时刻。根据 ws_{ikv}^j、we_{ikv}^j 及对应时刻的星下点坐标，采用卫星对地面覆盖区域的计算方法，得到卫星在此角度下覆盖的条带的顶点坐标，从而得到条带的坐标信息。⑤将卫星 s^j 与 t_i 在时间窗口 obs_{ijk} 内分解的子任务加入集合 O_{ik}^j。

5）将卫星 s^j 与 t_i 在各个时间窗口内分解得到的子任务加入集合 O_i^j。

6）将所有卫星与 t_i 分解的子任务加入集合 O_i。

7）依次分解其他任务，若分解完毕，则返回并输出结果。

由于区域目标分解的每个子任务都是卫星的一个可选观测活动，为便于统计子任务对区域目标的覆盖关系，必须记录其坐标信息。子任务的坐标信息采用顺时针四个顶点的经纬度坐标表示。分解得到的子任务采用六元组表示：

$o_{ikv}^j = \{$AtomicId，TaskId，SatId，Win，Angle，Coordinate$\}$，分别表示子任务标识、任务标识、卫星标识、时间窗口、观测角度及子任务的坐标信息。

3.3.2 元任务构造

为统一描述，把点和区域目标分解的子任务统一为元任务，并作为任务规划的基本元素，避免两类目标在处理上的差异，便于两类目标的统一规划。

1）区域目标的元任务按照区域目标动态分解方法进行构造。

2）为统一表示，点目标的元任务构造仍采用区域目标分解时的表示法，其在每个时间窗口内只构造一个元任务，不再赘述。

3）每个任务分解后得到的元任务集合称为该任务的元任务组。任务 t_i 分解得到的元任务组 O_i 表示为：$O_i = \bigcup\limits_{j=1}^{N_S} \bigcup\limits_{k=1}^{N_{ij}} \bigcup\limits_{v=1}^{N_{ijk}} o_{ikv}^j$，$i \in \{1, 2, \cdots, N_T\}$，其中，$N_{ij}$ 为卫星 s^j 对任务 t_i 的时间窗口数量；N_{ijk} 为在卫星 s^j 与任务 t_i 的第 k 个时间窗口内，构造的元任务数量；元任务 o_{ikv}^j 的时间窗口为 $[ws_{ikv}^j, we_{ikv}^j]$，此时间窗口内 s^j 对 t_i 的观测角度为 g_{ikv}^j。

3.3.3 任务合成

任务合成是指按照一定的规则将同时处于卫星传感器视场范围内的几个任务合并为一个任务，一次过境完成观测，即合成观测。任务合成观测必须综合考虑任务与卫星之间的时间窗口关系、观测角度关系、空间位置关系等，当这些限制条件都满足时，可以通过调整卫星传感器的观测角度，将这些任务进行一次性的成像，从而提高卫星的观测效率。

卫星采用合成观测有许多优势。首先，多个观测活动间的姿态转换时间与侧摆速率及角度差异相关。若转换时间不足，任务就不能被安排，采用合成观测则有可能将其全部观测。其次，由于侧摆成像会带来卫星姿态稳定等其他影响，卫星在每个轨道圈次内的侧摆成像次数具有严格限制。若不采用合成观测，每轨内能够观测的任务数量非常有限。另外，对一些相邻的任务采用一次成像完成观测，有利于减少卫星的开关机及侧摆次数，从而保护卫星资源的使用。对一些侧摆性能受限的卫星而言，其侧摆速率较慢，转换时间较长，单圈内的侧摆次数较少，采用合成观测非常必要（白保存等，2010）。

多个任务之间合成必须满足一定的条件，而且合成观测活动的观测时间和观测角度均是由其包含的元任务所决定的，下面将分析合成任务与其包含的元任务的关系。

卫星观测点目标时，可以通过调整卫星的侧视角度，将多个目标包括在某观测带内。当卫星观测区域目标时，由于区域目标元任务的观测角度在分解时就已经确定，若对其调整，则卫星对区域的观测部分会发生偏移。因此，不能调整卫星对区域目标元任务的观测角度，只能通过扩展观测时间来实现对多个目标的合成观测。由于区域目标的特殊性，将按照只包含点目标的合成任务与包含区域目标的合成任务两种情况，分别讨论合成任务与其包含的元任务间的关系。

(1) 只包含点目标的合成任务

首先讨论最简化情况，即两个点目标的元任务合成观测而生成合成任务的情况。

设卫星 s^j 的单次最大开机时间为 Δd^j，视场角为 $\Delta \theta^j$。若点目标 t_i、t'_i 分别存在两个元任务 o^j_{ikv}、$o^j_{i'k'v'}$，ws^j_{ikv}、we^j_{ikv}、θ^j_{ikv} 分别表示卫星 s^j 与任务 t_i 对应的观测目标之间可见时间窗口的开始时间、结束时间、侧摆角；$ws^j_{i'k'v'}$、$we^j_{i'k'v'}$、$\theta^j_{i'k'v'}$ 分别表示卫星 s^j 与任务 t'_i 对应的观测目标之间可见时间窗口的开始时间、结束时间、侧摆角，并满足如下约束条件：

$$\max(we^j_{ikv}, we^j_{i'k'v'}) - \min(ws^j_{ikv}, ws^j_{i'k'v'}) \leqslant \Delta d^j \tag{3-4}$$

$$|\theta^j_{ikv} - \theta^j_{i'k'v'}| \leqslant \Delta \theta^j \tag{3-5}$$

则两个元任务可以被卫星合成观测。其中，式（3-4）为时间约束，表示两个元任务的时间窗口必须在卫星的单次最大开机时间内。式（3-5）为角度约束，表示两个元任务的侧视角度必须在遥感器的单个视场角度限制内。任务合成必须同时满足时间约束和角度约束，统称为任务合成约束。设该合成任务为卫星 s^j 的第 l 个合成任务，以 b^j_l 表示，合成任务的开始时间 ws^j_l、结束时间 we^j_l、成像侧摆角 θ^j_l 分别为

$$ws^j_l = \min(ws^j_{ikv}, ws^j_{i'k'v'}) \tag{3-6}$$

$$we^j_l = \max(we^j_{ikv}, we^j_{i'k'v'}) \tag{3-7}$$

$$\theta_l^j = \frac{\theta_{ikv}^j + \theta_{i'k'v'}^j}{2} \tag{3-8}$$

合成任务 b_l^j 可以与其他的任务继续合成，并生成新的合成任务，因此，可以推广到任意多个元任务合成的情况。设合成任务 b_l^j 包含的点目标元任务集合 SO_l^j（$|SO_l^j| \geqslant 1$），SO_l^j 中元任务的开始时间集合为 SWS_l^j，结束时间集合为 SWE_l^j，观测角度集合为 $S\theta_l^j$，则集合中元任务能否合成的约束条件为

$$\max_{we_{ikv}^j \in SWE_l^j} SWE_l^j - \min_{ws_{ikv}^j \in SWS_l^j} SWS_l^j \leqslant \Delta d^j \tag{3-9}$$

$$\max_{\theta_{ikv}^j \in S\theta_l^j} S\theta_l^j - \min_{\theta_{ikv}^j \in S\theta_l^j} S\theta_l^j \leqslant \Delta \theta^j \tag{3-10}$$

同理，可以得到 SO_l^j 中的合成任务。得到的合成任务 b_l^j 的开始时间 ws_l^j、结束时间 we_l^j、成像侧摆角 θ_l^j 分别为

$$ws_l^j = \min_{ws_{ikv}^j \in SWS_l^j} SW \tag{3-11}$$

$$we_l^j = \max_{we_{ikv}^j \in SWE_l^j} SWE^j \tag{3-12}$$

$$\theta_l^j = \frac{\max\limits_{\theta_{ikv}^j \in S\theta_l^j} S\theta_l^j + \min\limits_{\theta_{ikv}^j \in S\theta_l^j} S\theta_l^j}{2} \tag{3-13}$$

（2）包含区域目标的合成任务

区域目标分解的元任务代表了卫星在特定侧视角度下，对地面覆盖的条形区域，如果对其观测角度进行修正，则卫星的观测条带就会偏移，不能覆盖原定的区域。因此，当合成任务中包含区域目标分解的元任务时，卫星必须采用区域目标分解的元任务的观测角度进行成像。如图 3-3 所示，若合成任务包含了某区域目标元任务时，该合成任务的观测角度必定等于区域目标元任务的观测角度。因此，此情况下的合成任务只能通过扩展观测时间实现对点目标的合成观测。而且，若待合成元任务中包含多个区域目标元任务时，区域目标元任务的观测角度必须相同才有可能合成。

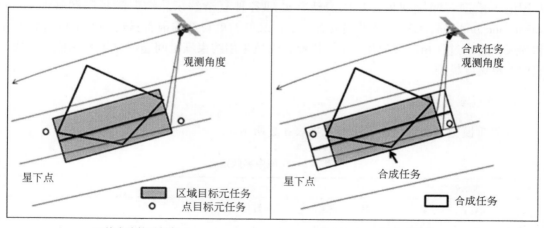

(a)待合成的元任务   (b)合成任务

图 3-3 包含区域目标元任务的合成任务示意

设区域目标元任务集合 PO_l^j（$|PO_l^j| \geqslant 1$），PO_l^j 中元任务的开始时间集合为 PWS_l^j，结束时间集合为 PWE_l^j，观测角度集合为 $P\theta_l^j$。首先给出 SO_l^j 和 PO_l^j 中的元任务能够合成的约束条件：

$$\max_{we_{ikv}^j \in SWE_l^j \cup PWE_l^j}(SWE_l^j \cup PWE_l^j) - \min_{ws_{ikv}^j \in SWS_l^j \cup PWS_l^j}(SWS_l^j \cup PWS_l^j) \leqslant \Delta d^j \tag{3-14}$$

$$\forall \, \theta_{ikv}^j{}' \in P\theta_l^j \Rightarrow \max_{\theta_{ikv}^j \in S\theta_l^j} S\theta_l^j, \min_{\theta_i \in S\theta_l^j} S\theta_l^j \in [\theta_{ikv}^j{}' - \Delta\theta^j/2, \theta_{ikv}^j{}' + \Delta\theta^j/2] \tag{3-15}$$

$$\text{if } |PO_l^j| \geqslant 2, \text{then } \forall \, o_{ikv}^j, o_{ikv}^j{}' \in PO_l^j, o_{ikv}^j \neq o_{ikv}^j{}' \Rightarrow \theta_{ikv}^j = \theta_{ikv}^j{}' \tag{3-16}$$

式（3-14）为时间约束，表示元任务的时间窗口必须在卫星的单次最大开机时间内。式（3-15）为角度约束，式（3-16）表示其中包含的点目标元任务的观测角度必须在以区域目标元任务观测角度为中心的视场角度内，若其中包含多个区域目标元任务，则区域目标元任务的观测角度必须相同。

若 SO_l^j 和 PO_l^j 中元任务满足合成观测的约束条件，则其合成任务 b_l^j 的开始时间 ws_l^j、结束时间 we_l^j、成像侧摆角 θ_l^j 分别为

$$ws_l^j = \min_{ws_{ikv}^j \in SWS_l^j \cup PWS_l^j}(SWS_l^j \cup PWS_l^j) \tag{3-17}$$

$$we_l^j = \max_{we_{ikv}^j \in SWE_l^j \cup PWE_l^j}(SWE_l^j \cup PWE_l^j) \tag{3-18}$$

$$\theta_l^j = \theta_{ikv}^j{}', \forall \, \theta_{ikv}^j \in P\theta_l^j \tag{3-19}$$

3.4 多星观测任务规划模型

卫星任务规划问题是一个组合优化问题，建模时需根据具体的应用需求考虑模型中的约束条件以及优化目标。研究中将点、区域目标统一表示为元任务，并由合成任务表示多个任务间的合成观测关系，结合实际问题约束，建立考虑任务合成的成像卫星调度模型。

考虑任务合成的成像卫星调度问题中的约束较多，若采用规模模型、背包问题模型以及图论等模型对问题建模，难以表达并处理各种复杂约束。约束满足问题（constraint satisfaction problem，CSP）能够用具有一定语义的、更自然的语言描述问题中的各种变量和约束，建模过程相对直观和简单。因此，这里采用约束满足问题建立了考虑任务合成的成像卫星调度模型。

1. 模型参数定义

首先对模型中的符号进行定义，如表 3-2 所示。

表 3-2　模型中参数定义

参数符号	定义
$S = \{s^1, s^2, \cdots, s^{N_s}\}$	卫星资源集，N_s 为卫星数量
$T = \{t_1, t_2, \cdots, t_{N_T}\}$	观测任务集，N_T 为任务数量
$T_S = \{t_1, t_2, \cdots, t_h\}$	点目标任务集合，点目标数量为 h

续表

参数符号	定义
$T_P = \{t_{h+1}, t_{h+2}, \cdots, t_{N_T}\}$	区域目标任务集合，区域目标数量为 N_T-h
p_i	任务 t_i 的优先级（收益）
$[T_s, T_e]$	规划周期，其中，T_s 为规划开始时间，T_e 为规划结束时间
N_O^j	卫星 s^j 在规划时段内运行的轨道圈数
D_{or}^j	卫星 s^j 的单圈运行时间
$AO_i = \bigcup\limits_{N_s}^{j=1} \bigcup\limits_{K_{ij}}^{k=1} ao_{ik}^j$	任务 t_i 的观测机会集合，K_{ij} 为卫星 s^j 对任务 t_i 观测目标的时间窗口个数
$TW^j = \bigcup\limits_{N_t}^{i=1} \bigcup\limits_{K_{ij}}^{k=1} tw_{ik}^j$	卫星 s^j 与观测目标 T 之间的时间窗口集，tw_{ik}^j 为卫星 s^j 与任务 t_i 之间的第 k 个时间窗口
ws_{ik}^j、we_{ik}^j、θ_{ik}^j	时间窗口 tw_{ik}^j 的开始时间、结束时间、观测角度
l_i^j	任务 t_i 安排在卫星 s^j 成像活动序列上的位置序号
est_i^j	任务 t_i 在卫星 s^j 成像活动序列上的最早开始时间
lst_i^j	任务 t_i 在卫星 s^j 成像活动序列上的最晚开始时间
y_i	指示任务 t_i 能否调整到成像任务序列中的其他位置
$SS(j) = \bigcup\limits^{l=1}_{L_j} \{[st_l^j, st_l^j+d_l^j], \theta_l^j\}$	卫星 s^j 按成像时间排列的成像方案，L_j 为成像次数
$SSO_{st_b^j}^j = \bigcup\limits_{L_b}^{l=b} [st_l^j, st_l^j+d_l^j]$	卫星 s^j 上从任意位置 b 开始单个圈次时间内的成像序列。其中，$\forall b, L_b \in \{1, 2, \cdots, L^j-1\} \wedge st_b^j \in [T_s, T_e-D_{or}^j] \wedge st_{L_b}^j + d_{L_b}^j \leqslant st_b^j + D_{or}^j \wedge st_{L_b+1}^j > t_b^j + D_{or}^j$
$\Delta\theta^j$	卫星 s^j 的传感器视场角
Δd^j	卫星 s^j 每次最大开机时长
ϑ^j	卫星 s^j 的侧摆速率，即每秒可调整的观测角度
τ^j	卫星 s^j 的姿态稳定时间
msg^j	卫星 s^j 的最大侧摆角度
$duty^j$	卫星 s^j 的单圈最大成像时间
m^j	卫星 s^j 的观测单位时间需要的存储容量
M^j	卫星 s^j 的最大存储容量
pw^j	卫星 s^j 观测单位时间消耗的能量
spw^j	卫星 s^j 侧摆单位角度消耗的能量
PW^j	卫星 s^j 的最大能量
o_{ikv}^j	卫星 s^j 对任务 t_i 的第 k 个时间窗口内构造的第 v 个元任务
ws_{ikv}^j、we_{ikv}^j、θ_{ikv}^j	元任务 o_{ikv}^j 的开始时间、结束时间、观测角度
b_l^j	卫星 s^j 的第 l 合成任务

参数符号	定义
ws_l^j、we_l^j、θ_l^j	卫星 s^j 上第 l 个合成任务时间窗口的开始时间、结束时间、观测角度
d_l^j	卫星 s^j 上第 l 个任务的成像持续时长
st_l^j	卫星 s^j 上第 l 个任务的成像开始观测时间
$B^j = \{b_1^j,\ b_2^j,\ \cdots b_{N_{B_j}}^j\}$	卫星 s^j 的合成任务集合，N_{B_j} 为合成任务数量
SO_l^j	合成任务 b_l^j 包含的点目标元任务集合
SWS_l^j、SWE_l^j、$S\theta_l^j$	SO_l^j 中元任务的开始时间、结束时间及观测角度
PO_l^j	合成任务 b_l^j 包含的区域目标元任务集合
PWS_l^j、PWE_l^j、$P\theta_l^j$	PO_l^j 中元任务的开始时间、结束时间及观测角度
x_{ikvl}^j	卫星 s^j 对任务 t_i 的第 k 个时间窗口内构造的第 v 个元任务观测时为 1，否则为 0，$i=1,2,\cdots,N_T$，$j=1,2,\cdots,N_s$，$k=1,2,\cdots,N_{ij}$，$v=1,2,\cdots,N_{ijk}$，$l=1,2,\cdots,N_{B_j}$

2. 多目标整数规划模型

区域目标分解问题是基于区域目标分解后得到的元任务搜索获得最优观测条带组合，从而实现应急成像方案的最优化。考虑到卫星应急观测中的多个成像需求，构建考虑任务分解及合成的多目标整数规划模型。此优化模型包含三个优化目标：最大化任务的收益 Profit、最小化成像完成时间 CT、最小化分解方案的平均侧摆角度 SA。

1）灾害应急成像过程中需要获得整个灾区范围和受损程度，需要尽可能地全覆盖，利用任务的收益率进行衡量。

点目标和区域目标的特征决定了其收益计算方式存在差异，点目标只需安排一个元任务即可视为完成任务，只存在安排与未安排两种状态。区域目标还存在部分完成状态，必须统计多个元任务对区域目标的综合覆盖率，以计算观测区域目标获取的收益。考虑任务合成的成像卫星调度问题中，包含点和区域两类目标，必须综合计算两类目标的收益。因此，构造收益函数时必须兼顾二者的差异，对两类目标分别计算。

由于点和区域目标均分解为元任务，任务的收益可以根据其元任务的完成状态进行计算。设任务完成情况下，任务 t_i 的收益为 p_i，x_{ikvl}^j 为其元任务 o_{ikv}^j 的完成状态，定义为

$$x_{ikvl}^j = \begin{cases} 1, & \text{若元任务 } o_{ikv}^j \text{ 安排在卫星 } s^j \text{ 的第 } l \text{ 个合成任务内观测} \\ 0, & \text{否则} \end{cases}$$

根据任务 t_i 的元任务的安排状态，可以得到卫星观测任务 t_i 的收益。下面分别针对点目标及区域目标建立收益函数。

设卫星 s^j 共有 N_{B_j} 个合成任务，则点目标的收益函数为

$$C_{\text{Spot}}(t_i) = \sum_{j=1}^{N_s} \sum_{k=1}^{N_{ij}} \sum_{v=1}^{N_{ijk}} \sum_{l=1}^{N_{B_j}} x_{ikvl}^j \times p_i \tag{3-20}$$

点目标在每个观测时间窗口内只分解了一个元任务，$N_{ijk}=1$，因此，式（3-20）可简写为

$$C_{\text{Spot}}(t_i) = \sum_{j=1}^{N_s} \sum_{k=1}^{N_{ij}} \sum_{l=1}^{N_{B_j}} x_{ik1l}^j \times p_i \qquad (3\text{-}21)$$

点目标具有唯一性约束，即只能安排一次成像。在调度过程中，只会选择安排点目标的一个元任务，因此，此处并不会重复计算点目标的收益。

区域目标的收益是根据其所有被安排的元任务对区域目标的综合覆盖情况而定的，因此，必须首先计算多个元任务对区域目标 t_i 的覆盖率 Cover (t_i)：

$$\text{Cover}(t_i) = \frac{\left(\sum_{j=1}^{N_s} \sum_{k=1}^{N_{ij}} \sum_{v=1}^{N_{ijk}} \sum_{l=1}^{N_{B_j}} x_{ikvl}^j \psi(o_{ikv}^j) \right) \cap \psi(t_i)}{\psi(t_i)} \qquad (3\text{-}22)$$

此处采用集合论中的"并"关系表示多个元任务代表的小区域的组合关系，采用"交"关系表示多个元任务对区域的覆盖关系。其中 $\psi(o_{ikv}^j)$ 为元任务 o_{ikv}^j 所表示的多边形区域（条带或单景）；$\psi(t_i)$ 为区域目标 t_i 代表的多边形区域。

得到多个元任务对区域目标的综合覆盖率后，就可以根据回报函数得到区域目标的收益。本书假设区域目标的收益为线性回报函数，即卫星观测区域目标获取的收益与对区域目标的覆盖率成正比。因此，区域目标的收益为

$$\begin{aligned} C_{\text{Ploygon}}(t_i) &= \text{Cover}(t_i) \times p_i \\ &= \frac{\left(\sum_{j=1}^{N_s} \sum_{k=1}^{N_{ij}} \sum_{v=1}^{N_{ijk}} \sum_{l=1}^{N_{B_j}} x_{ikvl}^j \psi(o_{ikv}^j) \right) \cap \psi(t_i)}{\psi(t_i)} \times p_i \end{aligned} \qquad (3\text{-}23)$$

优化目标 Profit 最大化任务收益为

$$\max: \text{Profit} = C_{\text{Spot}} + C_{\text{Polygon}} \qquad (3\text{-}24)$$

依据式（3-24）可以得到卫星观测点目标的总收益为

$$\begin{aligned} C_{\text{Spot}} &= \sum_{i=1}^{h} C_{\text{Spot}}(t_i) \\ &= \sum_{i=1}^{h} \sum_{j=1}^{N_s} \sum_{k=1}^{N_{ij}} \sum_{l=1}^{N_{B_j}} x_{ik1l}^j \times p_i \end{aligned} \qquad (3\text{-}25)$$

依据式（3-25）可以得到卫星观测区域目标的总收益为

$$\begin{aligned} C_{\text{Ploygon}} &= \sum_{i=h+1}^{N_T} C_{\text{Ploygon}}(t_i) = \sum_{i=h+1}^{N_T} \text{Cover}(t_i) \times p_i \\ &= \sum_{i=h+1}^{N_T} \frac{\left(\sum_{j=1}^{N_s} \sum_{k=1}^{N_{ij}} \sum_{v=1}^{N_{ijk}} \sum_{l=1}^{N_{B_j}} x_{ikvl}^j \psi(o_{ikv}^j) \right) \cap \psi(t_i)}{\psi(t_i)} \times p_i \end{aligned} \qquad (3\text{-}26)$$

2）尽可能快地完成观测目标的覆盖，保证数据的时效性。优化目标 CT 表示观测完成时间，用所选观测条带中的最晚成像时间进行衡量。T_s 为规划开始时间。

$$\min: \text{CT} = \max \left(\bigcup_{N_T}^{i=1} \bigcup_{N_s}^{j=1} \bigcup_{N_{ij}}^{k=1} \bigcup_{N_{ijk}}^{v=1} \bigcup_{N_{B_j}}^{l=1} x_{ikvl}^j (we_{ikv}^j - T_s) \right) \qquad (3\text{-}27)$$

3）卫星侧摆角度尽可能小，以免造成图像严重的几何畸变。优化目标 SA 衡量目标分解方案的平均侧摆角大小。$\alpha\,(o_{ikl}^j)$ 表示元任务观测面积；$\alpha\,(T)$ 表示所有目标总面积。

$$\min:SA = \bigcup_{N_T}^{i=1} \bigcup_{N_S}^{j=1} \bigcup_{N_{ij}}^{k=1} \bigcup_{N_{B_j}}^{l=1} \alpha(o_{ikl}^j)\,x_{ikl}^j\,\theta_{ikl}^j/\alpha(T) \tag{3-28}$$

设置规划模型约束条件，包括点目标的唯一性约束、相邻任务转换时间约束、任务时间窗口约束、任务合成时间约束、任务合成角度约束、卫星单圈成像时长约束、卫星存储约束、卫星能量约束。

1）点目标的唯一性约束，表示每个点目标最多被观测一次

$$\forall i = 1,2\cdots,h:\sum_{j=1}^{N_S}\sum_{k=1}^{N_{ij}}\sum_{l=1}^{N_{B_j}} x_{ik1l}^j \leq 1 \tag{3-29}$$

2）相邻任务转换时间约束，表示两个相邻任务之间必须有足够的转换时间，其中，$\forall i$ 表示两个连续观测活动之间的转换时间

$$\forall l = 1,2,\cdots,N_{B_j}-1,j=1,2,\cdots,N_S: ts_l^j + d_l^j + tr_{l,l+1}^j \leq ts_{l+1}^j \tag{3-30}$$

3）任务时间窗口约束，表示每个任务必须在其时间窗口内进行成像

$$\forall i = 1,2,\cdots,N_T,l=1,2,\cdots,N_{B_j},j=1,2,\cdots,N_S, \quad if \quad w_{ik}^j \in [ts_l^j,ts_l^j+d_l^j] \neq 0:$$
$$ts_l^j - ws_{ik}^j \geq 0, ts_l^j + d_l^j - we_{ik}^j \leq 0 \tag{3-31}$$

4）任务合成时间约束，表示任何一个时间窗口若与成像方案中的某个任务合成，必须满足时间约束

$$\forall tw_{ik}^j \in TW^j:(ws_l^j + d_l^j) - (we_{ik}^j - d_l^j) \leq \Delta\,d^j \tag{3-32}$$

5）任务合成角度约束，表示任何一个时间窗口若与成像方案中的某个任务合成，二者必须同时位于卫星观测视场内

$$\forall tw_{ik}^j \in TW^j:|\theta_l^j - \theta_{ik}^j| \leq \Delta\theta^j \tag{3-33}$$

6）卫星单圈成像时长约束，表示在卫星运行的任何单圈时长 D_{or}^j 内，执行的任务累积时长不能超过卫星单圈最长成像时间

$$\forall j = 1,2,\cdots,N_S,ts_b^j \in [T_s,T_e - D_{or}^j]:D(SSO_{ts_b^j}^j) = \sum_{l=b}^{L_b^j} d_l^j \leq duty^j \tag{3-34}$$

7）卫星存储约束，表示卫星观测方案的内存消耗不能超过最大储存容量限制

$$\forall j = 1,2,\cdots,N_S,l=1,2,\cdots,N_{B_j}:\sum_{l=1}^{N_{B_j}} d_l^j \times m^j \leq M^j \tag{3-35}$$

8）卫星能量约束，表示卫星规划方案消耗的能量不能超过最大能量限制

$$\forall j = 1,2,\cdots,N_S,l=1,2,\cdots,N_{B_j}:\sum_{l=1}^{N_{B_j}} d_l^j \times pw^j + \sum_{l=1}^{L^j-1} |\theta_{l+1}^j - \theta_l^j| \times spw^j \leq PM^j \tag{3-36}$$

另外，任务还具有许多成像约束，如要求图像类型（光学或雷达图像）、最小地面分辨率等约束。规划前的任务分解阶段均对这些约束进行了处理，因此，模型中也无须考虑这些约束。在对区域、点进行任务分解时，首先根据任务的传感器类型要求及最低分辨率要求，选择可用卫星集合。计算卫星对任务的时间窗口时，删除不满足有效观测时段的时间窗口。因此，分解得到的元任务均是经过筛选，并满足任务成像约束的，模型中无须再考虑这些约束。将这些约束检测在任务分解阶段预先处理，还可以减少问题中的变量个

数，并避免过多的约束检查，从而能够提高算法的效率。

3. 时间优先和质量优先的卫星规划模型

灾情信息的获取通常是一个由粗到细、由不明确到明确不断演变的过程，随着救灾过程中数据应用需求的变化，应急观测需求也将随之进行调整。综合不同灾害响应等级、灾害种类、灾害特征、灾害演进阶段对数据的应用需求，考虑数据获取时效性及数据成像质量，并基于多目标整数规划模型的优化目标及约束条件，设计"时间优先"和"质量优先"两种成像策略的卫星规划模型。

时间优先成像策略指最短时间覆盖观测目标区域。根据多目标整数规划模型研究，时间优先成像策略选取最大化任务收益、最小化成像完成时间两个优化目标，其卫星规划模型如式（3-37）所示：

$$\max: \text{Profit} = C_{\text{Spot}} + C_{\text{Polygon}}$$

$$= \sum_{i=1}^{h} \sum_{j=1}^{N_s} \sum_{k=1}^{N_{ij}} \sum_{l=1}^{N_{B_j}} x_{ik1l}^{j} \times p_i + \sum_{i=h+1}^{N_T} \frac{\left(\sum_{j=1}^{N_s} \sum_{k=1}^{N_{ij}} \sum_{v=1}^{N_{ijk}} \sum_{l=1}^{N_{B_j}} x_{ikvl}^{j} \psi(o_{ikv}^{j}) \right) \cap \psi(t_i)}{\psi(t_i)} \times p_i$$

$$\min: \text{CT} = \max \left(\bigcup_{N_T}^{i=1} \bigcup_{N_S}^{j=1} \bigcup_{N_{ij}}^{k=1} \bigcup_{N_{ijk}}^{v=1} \bigcup_{N_{B_j}}^{l=1} x_{ikvl}^{j} (we_{ikv}^{j} - T_s) \right) \quad (3\text{-}37)$$

时间优先成像策略是在考虑最大化任务收益的同时，针对成像目标范围，根据区域目标分解及元任务构造获取每颗卫星对目标的时间窗口集合，从中选取最先通过目标区域的卫星进行成像，然后从目标区域中排除最先成像的范围，再计算剩余区域中最先成像的卫星，以此类推，最终完成整个目标区域的成像，具体流程如图 3-4 所示。

时间优先成像策略可以大大提高数据获取时效性，并且可以避免对目标区域重复观测，同时能有效减小运算量。这种成像策略适用于灾后第一时间或初步掌握灾情信息的情况下，以初步获取灾区大体范围、初步判断受灾程度为观测目的，快速获取灾区数据。

质量优先成像策略指在给定时间内，优先进行不侧摆成像，剩余区域按照侧摆角度最小原则进行覆盖。根据多目标整数规划模型研究，质量优先成像策略选取最大化任务收益、最小化分解方案的平均侧摆角度两个优化目标，其卫星规划模型如式（3-38）所示：

$$\max: \text{Profit} = C_{\text{Spot}} + C_{\text{Polygon}}$$

$$= \sum_{i=1}^{h} \sum_{j=1}^{N_s} \sum_{k=1}^{N_{ij}} \sum_{l=1}^{N_{B_j}} x_{ik1l}^{j} \times p_i + \sum_{i=h+1}^{N_T} \frac{\left(\sum_{j=1}^{N_s} \sum_{k=1}^{N_{ij}} \sum_{v=1}^{N_{ijk}} \sum_{l=1}^{N_{B_j}} x_{ikvl}^{j} \psi(o_{ikv}^{j}) \right) \cap \psi(t_i)}{\psi(t_i)} \times p_i$$

$$\min: \text{SA} = \bigcup_{N_T}^{i=1} \bigcup_{N_S}^{j=1} \bigcup_{N_{ij}}^{k=1} \bigcup_{N_{B_j}}^{l=1} \alpha(o_{ikl}^{j}) x_{ikl}^{j} \theta_{ikl}^{j} / \alpha(T) \quad (3\text{-}38)$$

质量优先成像策略是在考虑最大化任务收益的同时，针对成像目标范围，根据目标分解及元任务构造获取每颗卫星对目标的时间窗口和观测角度集合，从中选取不侧摆的卫星优先成像，然后从目标区域中排除最先成像的范围，再计算剩余区域中有观测机会的侧摆角最小的卫星，以此类推，具体流程如图 3-5 所示。

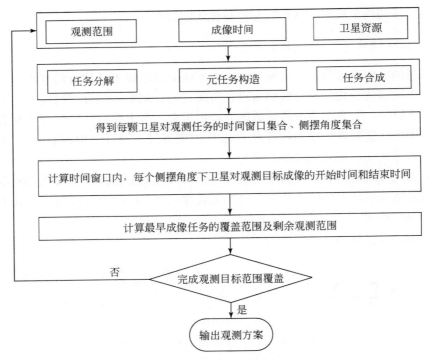

图 3-4　时间优先成像策略流程

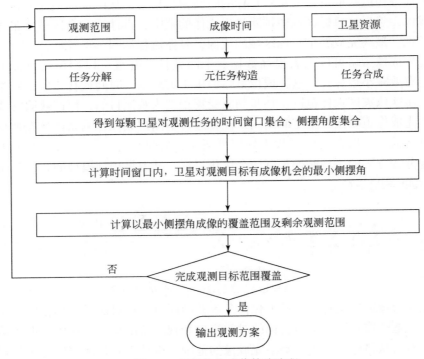

图 3-5　质量优先成像策略流程

质量优先成像策略有可能在规划时间段内无法完全覆盖目标区域，这种情况下在完成质量优先成像后，可对剩余观测区域利用时间优先成像策略进行任务规划。质量优先成像策略适用于评估灾损情况、识别损毁目标，对影像质量要求较高的情况。

3.5 多星观测任务规划求解算法

卫星任务规划调度问题已被证明是属于所谓的非确定性（NP-Hard）问题，一般认为没有一个有效的最优解求解算法，特别是当问题规模较大时，其解空间将呈爆炸式扩张，更是无法利用精确算法求解最优解，大多是寻求有效的近似算法进行求解，获得近似最优解或最优解集。在对卫星任务规划调度问题进行研究时，应当根据建立数学模型的特点，对求解算法进行研究，比较各算法的适用情况及优劣，寻求合适的求解算法，获得能够接受的规划调度方案。

1. 现有卫星任务规划模型求解算法

目前卫星任务规划调度问题的求解算法主要分为三大类：完全搜索算法、基于规则的启发式算法和智能优化算法。

完全搜索算法通过在解空间的完全搜索策略，寻求问题的最优解。大规模的卫星任务规划问题太过于复杂，不适合完全搜索算法进行求解，完全搜索算法多用于求解小规模的规划问题。

国内外现有卫星任务调度系统，多采用基于规则的启发式算法，因为它具有实现简单、效率高的优点。观测任务众多，其重要性不尽相同，因此，往往利用任务的优先级作为任务选择的规则，优先级高的任务先安排观测，而观测的时间窗口主要根据其时间先后顺序进行选择。由于不同的人采用不同的规则，所获得的求解结果也不尽相同，该算法具有特定的适用范围，针对特定的问题需要设计特定的启发式规则。

智能优化算法是近些年来应用比较多的优化算法，其在组合优化问题求解中体现了不同于传统搜索算法的优势，一些研究学者也将其引入卫星任务规划问题中来。较为常用的主要有模拟退火算法、禁忌搜索算法、遗传算法和拉格朗日松弛算法等。智能优化算法通用性强，不依赖于特定问题，搜索效率高，适用于大规模求解问题，但是有时面临陷入局部最优的现象。

2. 现有卫星任务规划模型求解算法的对比分析

多颗成像卫星调度相对于单颗成像卫星调度来说，卫星资源数量及任务数量均显著增加，问题的规模呈指数级增长，复杂度也急剧增加。任务中包含区域目标时，任务被分解为多个子任务，子任务间还存在复杂的覆盖关系，问题更加复杂。另外，多个任务间合成的组合优化更增加了问题求解难度。现有算法中，精确算法只适用于小规模问题。基于规则的启发式算法速度较快，但解的质量难以保证。禁忌搜索、模拟退火等邻域搜索算法的效果较好，但必须保证具有足够的迭代次数和计算时间。

遗传算法是一类模仿自然界的选择与遗传的机理来寻找最优解的搜索算法，具有全局搜索能力。采用群体搜索方式，并且易于并行化处理。遗传算法中的适应度函数不受连续、可微等条件的约束，适用范围很广。作为一种基于群搜索的算法，遗传算法适用于解决多目标优化问题。标准的单目标遗传算法可以经过修改，每次迭代时搜寻多个非支配解。多目标遗传算法具有搜索得到尽可能分散的 Pareto 近似最优解。此外，大多数多目标遗传算法不需要用户对每个目标赋予权重或优先级参数。因此，遗传算法已成为解决多目标优化问题最为流行的一类方法。

多目标遗传算法已应用于多个领域且表现出良好的性能和很高的可靠性。将多目标遗传算法引入卫星成像规划调度问题的研究中来，对于复杂的规模较大的成像任务规划调度问题的求解，该算法是一种较好的求解选择。多目标遗传算法从发展之初，已经历了一系列的变种，如 VEGA、MOGA、SPEA、SPEA2、NSGA、快速非支配排序遗传算法（Nondominated Sorting Genetic Algorithm Ⅱ，NSGA-Ⅱ）等。其中，由 Deb 等（2000）提出的带精英策略的 NSGA-Ⅱ 对以往遗传算法的缺陷进行了改进，在同类算法中脱颖而出，具有较低的计算复杂度，搜索得到的解更为多样化，更接近真实 Pareto 最优解。

3. NSGA-Ⅱ

NSGA-Ⅱ 的基本思想是在遗传算法的基础上，增加一个非支配选择排序和拥挤度计算的环节，如图 3-6 所示。将 NSGA-Ⅱ 应用于成像卫星任务规划中，对其作适当改正，如图 3-6

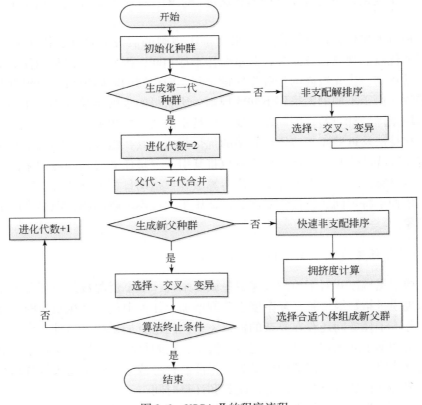

图 3-6　NSGA-Ⅱ 的程序流程

所示。在该流程中，引入精英解保持策略过程。在形成新父代种群之前，将旧父代和子代合为一体并进行非支配排序和拥挤度计算。运用这种方式，不仅能够保留旧父代中的精英解，还能够扩大个体的采样空间。

3.6 改进的时间优先和质量优先卫星规划模型求解算法

传统的时间优先和质量优先的卫星规划模型大多采用基于规则的启发式算法，禁忌搜索、模拟退火等邻域搜索算法。但如前文所述，基于规则的启发式算法速度较快，但解的质量难以保证。禁忌搜索、模拟退火等邻域搜索算法的效果较好，但必须保证具有足够的迭代次数和计算时间。

而本书针对重特大灾害多星协同监测，灾害应急卫星规划涉及的卫星资源数量较多，并且观测任务中包含点目标和区域目标，涉及区域目标的分解以及多个子任务之间合成的组合优化，同时对规划结果的及时、准确性有更高的要求，属于大规模的、复杂的卫星任务规划问题。采用传统卫星任务规划模型的求解算法（如基于规则的启发式算法、禁忌搜索算法、模拟退火算法）不能快速地得到最优规划解。

为此，针对重特大灾害多星协同监测的任务需求，本书提出了改进的时间优先和质量优先卫星规划模型的求解算法，研究中采用 NSGA-II 完成多星观测任务规划问题求解，可得到较理想的多星任务规划方案。

1. 改进的时间优先模型求解算法

在重特大灾害发生后，根据灾害应急响应需求，首先，输入重灾区观测范围，根据成像时间要求和现有卫星观测资源，采用 NSGA-II 对分解的卫星观测任务进行元任务构造和任务合成求解，获得优化的卫星观测任务合成解。其次，得到每颗卫星的时间窗口、侧摆角度集合。接着，计算时间窗口内，每个侧摆角度下卫星对观测目标成像的开始时间和结束时间。然后，计算最早成像任务的覆盖范围及剩余观测范围，完成观测目标范围覆盖。最后，输出观测方案。改进的时间优先模型求解流程如图 3-7 所示。

2. 改进的质量优先模型求解算法

在重特大灾害发生后，根据灾害应急响应需求，首先，输入重灾区观测范围，根据成像时间要求和现有卫星观测资源，采用 NSGA-II 对分解的卫星观测任务进行元任务构造和任务合成求解，获得优化的卫星观测任务合成解。其次，得到每颗卫星的时间窗口、侧摆角度集合。接着，计算时间窗口内，卫星对观测目标有成像机会的最小侧摆角。然后，计算以最小侧摆角成像的覆盖范围及剩余观测范围，完成观测目标范围覆盖。最后，输出观测方案。改进的质量优先模型求解流程如图 3-8 所示。

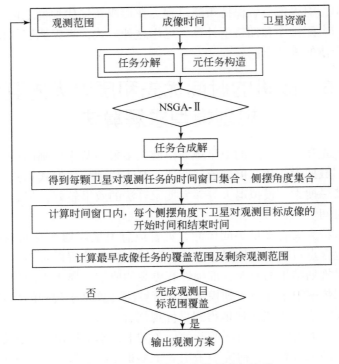

图 3-7　改进的时间优先模型求解流程

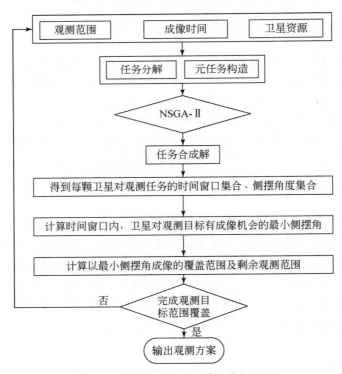

图 3-8　改进的质量优先模型求解流程

第4章 重特大灾害应急响应的无人机空间抽样技术

近年来，随着无人机行业的不断发展，无人机航测作为测绘发展的新技术，具有机动灵活、数据现势性强、地面分辨率高、信息化程高、生产效率高等优点，给予很多行业提供了极大的便利，以航拍的新型视觉角度能够给各行各业带来更直观、更立体的实况展示。无人机摄影测量不受场地障碍影响，费用相对低廉，同时避免了大量人工现场作业，提高了效率。

无人机凭借其机动灵活的特点，成为重特大灾害灾区现场应急监测的必要手段，但在重特大灾害发生后，由于无人机资源分布不明确、调度不能协调统一，出现不能及时到达重特大灾害作业现场的问题。即使无人机到达重特大灾害作业现场后，对于现场数据获取要求多架无人机快速、高效地获取数据，往往由于无人机型号不统一、无人机载荷传感器不匹配等，无人机数据获取不能很好协同工作，甚至产生互相影响等问题。本章主要针对以上问题，介绍在实际应用中较为成熟的解决方案。

1）针对无人机分布不均匀、资源调度不能有效协调的问题，统一构建了无人机以及载荷资源分布数据库、灾情要素空间特征库、无人机传感器优化配置机制，形成一种快速构建重灾区无人机资源调度方案的方法。

2）面向无人机快速、安全获取灾害现场数据的需求，针对现场无人机及载荷传感器资源搭配不合理，基于重灾区无人机空间抽样获取技术方案，建立无人机灾害现场数据协同获取技术及应用模式，在充分研究无人机区域协同技术，保障多种类、多架次无人机有序、高效、安全地获取重灾区灾害现场无人机数据；任务航线半智能化划分技术，充分保证无人机作业的安全性以及拍摄数据的精度要求；任务航线智能外扩技术，完成无人机倾斜摄影数据获取的过程中作业边缘区域的侧面纹理获取；任务航线角度自定义技术，实现无人机在作业过程中根据目标测区的实际情况灵活调整飞行的角度，达到高效获取重灾区灾害现场数据的目标。

4.1 重特大灾害应急响应的无人机任务规划

4.1.1 基于灾情要素的观测区域空间特点分析

1. 观测区域空间特点分析

在重特大灾害发生后，快速获取无人机数据用于应急指挥决策往往至关重要，无人机由于受到航时、调度的限制，在较短的时间内可以获取重灾区数据的面积也会受到一定程度的限制。因此，建立基于灾情要素的空间特征匹配机制变得非常有意义，它可以根据不同灾种、不同灾害点地物类型、不同响应等级等因素快速确定重灾区的无人机数据的获取范围，为重灾区无人机数据获取提供宏观指导，进而为重灾区应急指挥决策提供有力保障。

本书中的重特大自然灾害事件包括地震–地质灾害和水文–气象灾害两大类，重特大地震灾害根据地震烈度，对灾害造成的破坏程度不同，可分为特大地震灾害和重大地震灾害，地震灾害具有时间上的随意性、地域上的不确定性以及快速变化的特点。洪涝灾害主要包括群发性山洪、中小河流流域性洪涝及干支流流域性洪涝三种典型场景。洪涝灾害具有持续时间短、受灾面积广、危害大等特点。针对不同自然灾害，无人机搭载适配传感器进行重点区域的观测。

地震的直接灾害指的是由地震的破坏作用导致的房屋、工程结构、物品等物质的破坏。灾害发生后，地震的主要观测区域围绕无房屋建筑损毁，主干道路塌陷、断裂，工程设施损毁等灾情要素以及人群聚集的居民区学校等灾情情况。

无人机搭载高分辨率光学传感器可以满足白天监测分辨率优于 1m 的需求；另外，搭载红外或 SAR 传感器，可以夜间对灾情要素进行监测。具体实施时需要结合无人机分布情况、续行能力、对作业环境的适应性（抗风、抗雨、抗电磁干扰等）等条件，搭载合适的传感器对灾情要素进行监测，如表 4-1 所示。

表 4-1　不同灾种重点观测区域列表

序号	灾害类型	重点观测区域	环境
1	地震	居民区、道路、学校、	白天：可见光视频相机、倾斜摄影相机。 夜晚：红外
2	洪水	耕地、水域	白天、小雨：可见光视频相机、倾斜摄影相机。 夜晚、小雨：红外
3	滑坡、泥石流	堤坝、溃堤决口、滑坡体	白天、小雨：可见光视频相机、倾斜摄影相机。 夜晚、小雨：红外

不同重点观测区域形状有其固有特点，为此无人机观测时会针对其特点采用不同的飞行拍摄模式，如表 4-2 所示。

表 4-2　典型重点观测区域及其形状特点

重点观测区域	居民区	水域	耕地	道路	堤坝	滑坡体	溃坝决口
形状	面状	面状/条带状	面状	条带状	条带状	点状	点状

2. 空间尺度及范围对应关系

针对不同灾害类型的重点观测区域的不同，应根据不同地物类型与空间尺度、空间方位对应关系以及应急要素与空间尺度、空间范围建立对应关系。本研究根据数据要求，制定了无人机观测地物类型与空间尺度、范围对应关系表，为无人机空间抽样模型的标准提供了理论依据。这为后期方便开展无人机空间采用模型细化工作，并迭代完成无人机空间采用模型提供了理论支持，如表4-3所示。

表4-3　无人机观测地物类型与空间尺度、范围对应关系

地物类型	地面分辨率/m	航向重叠度/%	旁向重叠度/%	采集面积/km²
居民区	5	60	40	0.5
道路	20	60	35	1
水域	50	60	35	2
堤坝	5	60	40	0.5
溃堤决口	3	70	50	0.3
滑坡体	3	70	50	0.3

4.1.2　无人机资源分布信息库分析

1. 逻辑资源信息库构建

近年来无人机技术发展迅速，不同型号的无人机被广泛应用于各领域，其中用于测绘的无人机资源也非常丰富。但是在重特大灾害发生时，往往出现的情况是不同的。无人机厂商或者无人机应用单位单独行动，由不同的地点赶赴灾害现场，不同的团队单独行动很难快速形成有效的数据获取能力，甚至由于缺乏统一的调度出现撞机的事件，给灾害应急数据获取带来比较大的困难。为了有效调动分布在全国各地的无人机资源进行重灾区无人机数据获取，针对无人机及载荷传感器资源分布不明确的问题，开展无人机及载荷传感器资源分布信息库分析研究。基于全国用于测绘的无人机及传感器资源分布数据的调查，开展重灾区无人机资源调度技术研究，建立测绘无人机资源分布表及便捷的数据更新机制，为重灾区无人机数据获取提供最优的无人机调度方案。

无人机资源分布信息库分析研究具体内容如下：首先，统计研究无人机、传感器型号、重量、体积，将信息存入航线规划模型数据库；其次，基于无人机资源分布信息库及数据更新方法，建立无人机资源分布信息库数据更新机制；最后，基于灾情要素空间特征库、无人机资源分布库、传感器资源分布库，开展无人机传感器优化配置算法研究，建立基于灾情要素的测绘无人机空间抽样模型，为无人机灾害现场数据协同获取提供技术保障。

根据灾害的时效性和快速性的要求，凭一家单位很难在第一时间快速获取灾害范围无人机数据，因此本研究在调查全国范围内部分具备现场飞行能力的无人机企业、事业单位的基础上，建立了无人机及载荷传感器资源分布库，并建立了数据更新机制，逐步形成真正可覆盖全国的空天地协同观测无人机遥感网。

2. 无人机实体资源构建

将无人机厂家的公司名称、地址、地理位置、联系人进行入库登记，同时对无人机的型号、尺寸、重量、起飞条件、抗风性、最大升限、最大续航、防水能力、作业环境要求、搭载能力、作业人员以及作业效率等进行入库。针对载荷，对载荷的型号、能见度、定位测姿系统（POS）、摄影幅宽、像元大小、镜头焦距、波谱段、重量、尺寸以及最小和最大工作速度进行了入库。

在本研究过程中，依托全国无人机产业联盟，目前全国范围内已建立 10 个站点及办事处，形成北京辐射华北，长春辐射东北，西安辐射西北，杭州辐射华东，广州辐射华南，武汉辐射华中，兰州、成都、昆明辐射西南的总服务网络。在此基础上依托无人机实名登记系统作为数据来源，结合网络资源以及线下展会的资源，调查全国无人机及载荷资源分布数据。根据无人机资源调度方式的要求设计无人机及载荷资源数据库，并建立数据的更新机制，截至 2023 年，录入系统的无人资源厂商多达 216 家，如表4-4 所示。

表 4-4 无人机资源分布表（局部）

型号名称	载荷型号	所属单位	地理位置	特点描述	重量 /kg	辐射半径 /km
OH6150	OHZ01	厦门天源欧瑞科技有限公司	118.08°E，24.48°N	多旋翼垂直起降	12	
OHP1803	OHZ02			垂直起降固定翼	7	
OHP380	OHZ05				20	
QT5S	QT5SA7	北京捷翔天地信息技术有限公司北京总部	116.36°E，39.99°N	单兵多旋翼	4	300
		北京捷翔天地信息技术有限公司长春分部	125.32°E，43.89°N			
		北京捷翔天地信息技术有限公司兰州分部	103.82°E，36.07°N			
		河南云网图通信息技术有限公司	113.62°E，34.75°N			
		武汉国遥新天地信息技术有限公司	114.30°E，30.60°N			
		武汉国遥新天地信息技术有限公司杭州办	120.15°E，30.28°N			
JFFW	JF1S	北京捷翔天地信息技术有限公司北京总部	116.36°E，39.99°N	固定翼	5.5	
		北京捷翔天地信息技术有限公司长春分部	125.32°E，43.89°N			

续表

型号名称	载荷型号	所属单位	地理位置	特点描述	重量 /kg	辐射半径 /km
经纬 M300	PSDK102S	中飞赛维智能科技股份有限公司	104.06°E, 30.56°N	多旋翼	6.3	500
	HHOPPSDKV6	贵州鸿鹄远航无人机技术有限公司	117.14°E, 34.20°N			
	PSDK102S	海南空君无人机科技有限公司	110.37°E, 20.03°N			
		云南新坐标科技有限公司	102.71°E, 24.98°N			
	qxsy	广西一飞无人机科技有限公司	108.24°E, 22.80°N			
	PSDK102S	宁夏全球鹰无人机有限公司	106.18°E, 38.45°N			
D2000	D-OP3000	飞马航测无人机新疆办事处	87.53°E, 43.86°N		2.8	
		深圳飞马机器人股份有限公司	113.91°E, 22.55°N			
经纬 M300	PSDK102S	上海智无疆界无人机科技有限公司	121.31°E, 31.20°N		6.3	
三维测绘无人机	多旋翼五镜头	重庆翼动科技有限公司	106.50°E, 29.67°N		10	

3. 无人机资源调度数据流程

无人机遥感网利用无人机在全国城市建立服务机构,构建网络化的遥感服务体系,目前已经开通了北京、成都、西安、杭州、广州、昆明、长春、郑州、南京、太原、南宁、武汉、呼和浩特等区域服务中心,未来将会拓展到更多城市。

无人机资源调度数据流程如图 4-1 所示。

4.1.3　重特大灾害应急响应的无人机任务规划

重特大灾害灾区现场往往地形、气象环境比较复杂且空间分布范围较大,卫星观测会受到观测周期等条件限制无法快速完全覆盖灾区,而长航时航空遥感也可能由于调度限制不能有效覆盖灾区。同时,重特大灾害灾区现场往往需要高精度观测重点目标,为了满足应急指挥、抢险和搜救决策对现场信息的基本需求,无人机应急监测成为重特大灾害灾区现场数据协同获取的必要手段,采用的研究方法如图 4-2 所示。

灾情区域根据受灾情况以及观测区域的着重点不同,围绕应急指挥、抢险和搜救决策现场信息具体需求,基于全国无人机与传感器分布数据,开展无人机资源分布与无人机与传感器优化配置技术研究;结合灾害成灾机理(水灾、地震)、发灾位置、发灾时间等简

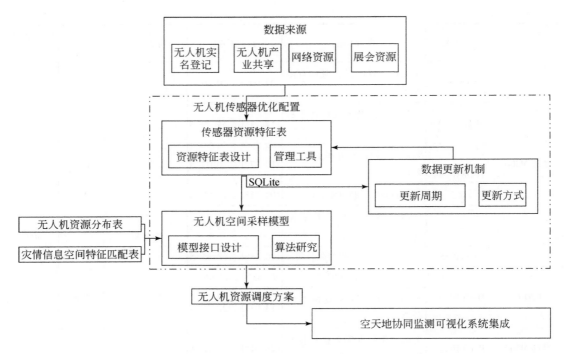

图 4-1　无人机资源调度数据流程

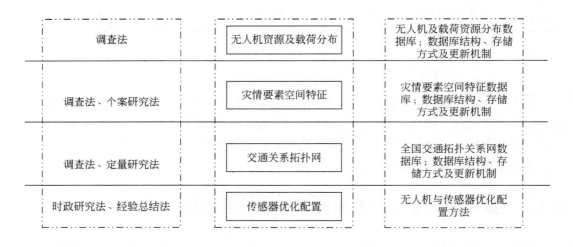

图 4-2　重特大灾害应急响应的无人机任务规划总体思路

要信息，开展居民聚集区、重要生命线（道路）、重大工程设施以及极重灾区等优先观测区域的圈定设计，形成面状、条带相结合的无人机应急监测空间抽样优化模型和飞行区域、路线设计。

　　抽样是地理研究、资源评估、问题研究和社会经济问题研究的重要手段。空间抽样理论是对空间相关性的各种资源和对象进行抽样设计的基础。在空间抽样领域中推断，这两类抽样统计推断已基本为相关学者认可并广泛应用于实际研究中。在模型抽样中，推断方式有两种。一种是基于模型的抽样统计推断，另一种是基于设计的抽样统计推断。在灾害灾区现场无人机应急监测的过程中，为保证大范围应急指挥、救援和搜救的时效性，需要实现对抽样区域灾情信息的快速提取和评估，以期能够细致、全面反映受灾情况，为灾情速报、损失评估以及抗震救灾决策提供依据。

结合重特大灾害的种类和特征分析，开展重灾区无人机空间抽样方法研究，从构建无人机资源分布数据库、灾情要素空间特征库、无人机传感器优化配置机制，形成一种快速构建重灾区无人机资源调度方案的方法。其次，在确认重灾区无人机资源调度方案中现时可用的无人机资源的前提下，围绕应急决策对现场信息需求特点，开展无人机灾害现场数据协同获取技术方法研究，保障无人机现场获取数据高效、安全，面向重灾区无人机空间抽样获取技术路线如图 4-3 所示。

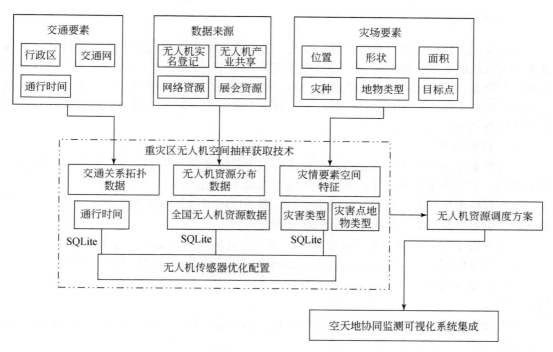

图 4-3　面向重灾区无人机应急监测空间抽样获取技术路线

4.2　无人机空间抽样技术

重灾区无人机空间抽样在作业任务范围明确的情况下，结合无人机性能特点、图像采集传感器特点以及受灾区域地点属性，对具有差异化灾情的区域采用不同无人机平台及多类别传感器进行优化匹配作业的技术，可提升现场无人机获取数据的效率。面向无人机快速、安全获取灾害现场数据的需求，针对现场无人机及载荷传感器资源搭配不合理，基于重灾区无人机空间抽样获取技术方案，建立无人机灾害现场数据协同获取技术及应用模式，在充分研究无人机区域协同技术，保障多种类、多架次无人机有序、高效、安全地获取重灾区灾害现场无人机数据。

1. 工作流程

首先，灾害发生后，根据灾害类型、灾害的地理位置信息，结合后台数据库中的全国土地利用数据、人口空间分布数据和重要工程设施分布数据，确定人口分布密集、工程设施敏感等区域为重点抽样飞行区。其次，结合数字高程模型（digital elevation model，DEM）地理位置信息数据确定相对区域范围及高程信息，在后台无人机资源分布数据库中，筛选适合的无人机和载荷信息，生成资源调度报告。最后，根据受灾区域的地理边界数据以及位置信息，结合无人机及载荷的参数以及无人机航线规划的基本规范，在航线规划角度自定义模型技术上，生成任务航线及无人机资源调度报告。

2. 约束条件

重灾区无人机应急监测空间采样获取是一个结合灾害灾种以及成灾机理等特性上根据优先观测区域的形状、地理位置、特征等因素下形成的任务规划。通过协同无人机厂商，协调资源调度，完成无人机遥感影像的获取。在这样一个闭合的空间中，无人机成像必须满足一定的约束条件，约束条件能够在最大程度上保证响应时间、准确执行任务。约束条件分为任务约束和资源约束。

（1）任务约束

任务约束是用户为实现特定的观测要求而提出具体要求。为了灾害应急响应以及执行任务规划，必须满足各种任务约束条件。任务约束主要包括：

观测目标类型约束。根据观测要求不同，观测区域可以是根据灾后情况判定的灾害等级区域，也可以是根据土地类型不同的区分观测区域。

空间分辨率约束。为了满足成像要求，如因为卫星观测成像质量不高，图像不清晰，需要高分辨率的图像，在筛选的过程中，必须选择合适的无人机和相搭配的传感器。

气象和交通约束。灾害后考虑到天气和交通的变化，在进行资源调度时需要考虑环境因素的变化。

任务周期约束。为便于比较地面目标变化，用户会在特定任务内对目标进行周期性的重复观测。

（2）资源约束

无人机空间抽样模型落地效能在很大程度上受入网的无人机厂商的数量约束。因此，实施总体单位需要执行单位调查全国范围内具备现场飞行能力的无人机企业、事业单位，对于有意向开展合作的单位进行更深入的沟通交流，形成真正可覆盖全国的空天地协同观测无人机遥感网。入网的企事业单位由实施总体单位统一颁发证书，并将本单位的产品列入空天地协同观测无人机遥感网标准型号，负责灾情发生后快速赶赴其所在地附近的灾害现场获取无人机数据。

3. 模型说明

无人机空间采样模型说明由模型功能描述（基础信息）、能实现要求或环境（约束条件）、输入参数、输出参数及集成方式五部分组成，如表4-5所示。

表4-5 无人机空间采样模型说明表

模型名称	无人机空间采样模型
模型功能描述	在对全国无人机资源分布和重特大灾害空间特征库进行调查和研究的基础上，基于灾情要素空间特征、无人机资源分布及传感器优化配置技术，在灾害发生后快速给出无人机调度报告，为及时获取灾区信息数据提供保障
约束条件	要求掌握全国无人机资源分布情况、传感器参数概况，可以实时获取灾区附近区域主干道的交通数据、灾区的气象数据以及灾区的热点地物的空间分布数据

输入参数

序号	参数名称	参数类型	参数说明	备注
1	灾区范围	List<double>	表示要采集数据的整体范围，列表的长度为4，分别表示范围的东、南、西、北	
2	热点区域信息	List<ROIInfo>	表示要采的热点区域信息列表	
3	气象环境信息	AtmosphereInfo	表示灾区气象环境数据	
4	不可达无人机资源列表	List<string>	表示由于交通或者其他因素不可达的无人机资源名称列表	

输出参数

序号	名称	格式	说明	备注
1	无人机资源调度报告	doc	用于说明不同时段无人机资源调度的状态	
2	无人机飞行任务规划文件	gzprj	多个无人机飞行任务规划文件，用于指导灾害现场无人机协同飞行	
集成方式	嵌入空天地资源联合调度任务规划的可视化仿真系统中			

4. 模型算法

（1）筛选不可达的无人机资源

目前可用的无人机资源集合为 $UAV_V(UAV_n(Name_n)\cdots)$，不可达无人机资源的名称集合为 $S(S_0(Name_0)\cdots S_n(Name_n))$，则有效的无人机资源 $UAV(UAV_0(N_0)\cdots UAV_n(N_n))$ 的表达式为

$$C_{uav}S = \{ X_{name} | X_{name} \in UAV \text{ 且 } X_{name} \notin S \} \tag{4-1}$$

（2）优选距离灾区近的无人机资源

受灾区域范围为左上角坐标 $P_{lt}(x_0, y_0, z_0)$、右上角坐标 $P_{rt}(x_1, y_1, z_1)$、右下角坐标 $P_{rd}(x_2, y_2, z_2)$、左下角坐标 $P_{td}(x_3, y_3, z_3)$，则受灾区域范围的中心点坐标为

$$P(x,y,z) = \frac{P_{lt}(x_0,y_0,z_0) + P_{rt}(x_1,y_1,z_1) + P_{rd}(x_2,y_2,z_2) + P_{td}(x_3,y_3,z_3)}{4} \tag{4-2}$$

遍历无人机资源库中有效的无人机资源 $UAV(UAV_0(x_0,y_0,z_0)\cdots UAV_n(x_n,y_n,z_n))$，迭代优选距离最近的无人机资源。该步骤设置限定条件，默认最终优选的无人机资源数目不得少 $R_{min} = 1$ 个，系统初始距离阈值 $D_{max} = 100km$，系统每次增加的距离阈值 $D_{step} = 50km$。

灾区中心距离各个无人机资源的距离为

$$D_n = P(x,y,z) - \text{UAV}_n(x_n,y_n,z_n) = \sqrt[2]{(x-x_n)^2 + (y-y_n)^2 + (z-z_n)^2} \tag{4-3}$$

符合优选标准的无人机资源 $\text{UAV}_1(\text{UAV}_n(x_n,y_n,z_n)\cdots)$ 需要满足的条件是

$$D_n \leqslant D_{\max} \tag{4-4}$$

如果优选结果 UAV_1 的数目小于 $R_{\min}$，则自动增加距离阈值 D_{step}，迭代上述两个模型步骤，直到优选到合适的无人机资源。

（3）筛选不符合当地气象条件的无人机资源

基于步骤（2）的优选结果，筛选不符合气象条件的无人机资源。在无人机资源 UAV_1 (w_n, r_n, l_n) 中，w_n 表示抗风等级、r_n 表示抗雨等级，l_n 表示对光线的敏感度，灾区的气象条件抽象为 $A(w_a, r_a, l_a)$，则符合当地气象条件的无人机资源需要满足的条件是

$$\text{UAV}_1(w_n,r_n,l_n) > A(w_a,r_a,l_a) \tag{4-5}$$

即同时满足下面条件：

$$w_n > w_a \tag{4-6}$$

$$r_n > r_a \tag{4-7}$$

$$l_n > l_a \tag{4-8}$$

通过验证的无人机资源集合为 $\text{UAV}_2(w_n, r_n, l_n)$，如果集合数目小于 $R_{\min}$，则自动增加距离阈值 D_{step}，重复迭代上述三个模型步骤，直到选择合适的无人机资源。

（4）筛选不符合热点区域采集要求的无人机资源

该步骤中设置默认的无人机数据采集时限的要求是 $H_{\max} = 10H$，各单位可派遣的无人机资源分别为 $\text{VE}_{\max}$。基于步骤（3）中的优选结果，逐个筛选符合条件的无人机资源。对于某一个热点区域，该区域为由任意多个顶点组成的多边形，顶点分别表示为 $P_0(x_1, y_1)\cdots$ $P_n(x_n, y_n)$，则该区域的面积为

$$S_r = \left| 0.5 \times \sum_{i=0}^{n-1} (p_i(x_i) \times p_{i+1}(y_{i+1}) - p_i(y_i) \times p_{i+1}(x_i)) \right.$$
$$\left. + 0.5 \times (p_n(x_n) \times p_0(y_0) - p_n(y_n) \times p_{0+1}(x_0)) \right| \tag{4-9}$$

该区域对应的地物类型需要采集的分辨率为 R_r，不同地物类型对应的分辨率要求见表 4-3。无人机资源库中记录的单位分辨率的采集效率为 S_u，分辨率与采集效率为线性关系，比例为 F，计算得到无人机采集分辨率为 R_r 时的数据采集效率为

$$V_{ur} = S_u \times F \times R_r \tag{4-10}$$

由 $V_{ur}S_r$ 计算得到一架无人机的采集时间为

$$T_r = \frac{S_r}{V_{ur}} \tag{4-11}$$

如果 T_r 小于或等于 $H_{\max}$，则该无人机为符合要求的无人机；否则，计算在规定的采集时间内需要的无人机数目为（向上取整）：

$$\text{VE} = \frac{T_r}{H_{\max}} \tag{4-12}$$

如果 $\text{VE} \leqslant \text{VE}_{\max}$，则该无人机为符合要求的无人机，需要派遣的无人机数目为 VE。

依次遍历所有的热点资源，优选符合标准的无人机资源。

（5）迭代模型，形成无人机资源调度报告

如果上述步骤无法得到有效的无人机资源，则自动增加距离阈值 D_{step}，重复迭代上述四个步骤，直到选择合适的无人机资源。

模型在执行上述步骤时，如果距离阈值 $D_{max}/100$ 大于数据采集时间阈值 H_{max}，则减少热点区域个数，直到选择合适的无人机资源。

5. 无人机资源调度报告

无人机空间抽样监测依据不同应急阶段的需求，在初级阶段，可快速实现应急响应，在卫星资源不完备的情况下，最大程度上顾及灾情信息的可获取性，实现最大程度的决策支持，快速满足应急需求，同时结合灾区复杂情况，也需要对无人机空间采样模型进行优化，如增加高原适应性以及场景应用的适配性问题，更好更快速地服务灾害应急。自动、高效、准确地生成无人机任务航线以及无人机空间抽样与资源调度报告，为后期无人机飞行提供了有效支撑，增加了系统的实用性。无人机空间抽样与资源调度报告如表 4-6 所示。

表 4-6　无人机空间抽样与资源调度报告

报送单位：			报送时间：	
灾情概要				
灾害名称		发生时间		
灾种		发生地点		
地理位置	东经		北纬	
数据采集	地物类型		最大航高	
	面积总计		最小航高	
	任务文件总计		预计采集时间	
编号	详细信息			
1	地物类型		航高	
	采集面积		预计采集时间	
	任务文件		组配编号	
	起飞点		降落点	
2	地物类型		航高	
	采集面积		预计采集时间	
	任务文件		组配编号	
	起飞点		降落点	
⋮				
资源调度	飞机数量		到达时间	
	单位数量		作业人员	

编号	详细信息			
1	单位		地址	
	联系人		联系电话	
	飞机类型		飞机数量	
	作业人员		预计到达时间	
	数据采集编号		状态	
2	单位		地址	
	联系人		联系电话	
	飞机类型		飞机数量	
	作业人员		预计到达时间	
	数据采集编号		状态	
⋮				
实时动态图				

4.3 航线优化布设技术

4.3.1 无人机传感器优化配置研究

无人机及载荷传感器资源合理搭配，对灾区现场有效获取灾情信息至关重要。无人机与传感器任务协同任务规划是一个多约束的组合优化问题，约束条件众多，各约束条件耦合度高，求解复杂。

1. 任务约束

（1）高度约束

一种是无人机自身的高度约束，限定了无人机飞行的高度，另一种是任务自身的高度约束。例如，因为卫星观测成像质量不高，图像不清楚，需要高分辨率的图像，因此，在筛选的过程中，必须选择合适的无人机和相搭配的传感器。

（2）地形约束

充分考虑灾害后复杂地形条件和海拔高度对飞行任务的影响和约束。

（3）环境约束

考虑到天气和交通的变化，在进行资源调度时需要考虑环境因素的变化。

2. 资源约束

为保证快速获取数据的要求，需要对无人机及其搭载的传感器进行优化配置，结合不同灾种及不同应用场景，结合交通、气象等条件筛选不同无人机同时需要搭载不同的传感器配置方案，能够在第一时间优化配置。

（1）不同类型和用途的无人机采用多种传感器配置

无人机种类繁多，功能各异，从微型到大型，从民用到军用，每种无人机都需要配置独具特色的传感器。无人机的种类和用途不同，飞行环境和条件就会随之不同，因此不同种类用途的无人机和传感器适合不同的灾害环境要求。

（2）同种类型和用途的无人机采用多种传感器配置

无人机的不同飞行环境对某些飞行参数的要求不同，如风力的大小、降雨时，就需要根据抗风抗雨的能力来筛选传感器。结合灾后的环境，可根据环境要求配置不同传感器进行作业。

灾害发生后，针对无人机资源调度方案中筛选的结果，任务分配考虑各种约束条件，以总体任务有效达成为目标，将具体目标和行动任务分配给各无人机，而各无人机根据分配的任务再进行具体的任务规划。在任务规划时，灾害发生区域大多地表地貌复杂，地形起伏较大，采用无人机灾害现场数据协同获取技术研究中航线角度自定义模型可以提升观测效率，缩短观测时间，满足灾害现场数据快速采集要求。

4.3.2 任务航线半智能划分

无人机在作业现场往往由于测区的地面高程落差太大，拍摄数据的精度比较差，同时由于落差太大也会存在飞行安全的隐患。针对无人机作业的安全性以及拍摄数据的精度要求，基于全国的高程数据，开展任务航线半智能化划分算法研究，结合人工经验判断，实现无人机任务航线半智能化划分，使无人机获取数据更加安全，获取的数据精度更高。

根据数码航摄成像公式：$f/h = P/\mathrm{GSD}$，即航摄相对高度 h 由相机焦距 f、相机相元大小 P 及地面分辨率 GSD 共同决定。由于航摄区域的不同地形（如丘陵、山区）地势起伏频繁，高程悬殊较大，为确保航摄区域成图精度一致性，需要对高差较大的区域进行分区航摄。针对落差较大的测区 A 区和 B 区，A 区为山区，地势较高；B 区为平原，地势较低，任务航线半智能划分技术生成 AB 区域分别规划的航线，如图4-4 所示。

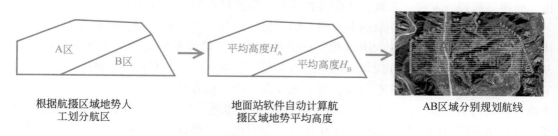

根据航摄区域地势人　　　　地面站软件自动计算航　　　　　AB区域分别规划航线
工划分航区　　　　　　　摄区域地势平均高度

图4-4　任务航线半智能划分设计流程

4.3.3 任务航线智能外扩

倾斜摄影相机由于技术特点的要求，相机在拍摄的过程中要保持多个角度处于倾斜的方向，为了更加全面地覆盖目标测区边缘地物的侧面纹理，往往需要在拍摄的过程中人为地将拍摄区域扩大，然而不同的传感器参数和数据的地面分辨率对外扩区域的大小都会产生较大的影响。面对如何科学选择外扩区域的需求，开展任务航线智能外扩算法研究，实现无人机在搭载不同传感器进行多种地面分辨率数据采集时可以智能选择外扩区域，保证倾斜摄影相机拍摄数据的完整性。根据倾斜摄影角度及航摄高度自动将航摄边界外扩，以更好地获取航摄目标区域边界地表纹理，在灾后获取数据的过程中对重点区域的数据进行采集，提升灾情要素的观测效率。

航线智能外扩技术是一种为获取航摄目标区域边界地表纹理，根据倾斜摄影角度及航摄高度自动将航摄边界外扩的技术。航线外扩示意如图 4-5 所示，红色实线为航摄目标区域边界，红色虚线为智能外扩后的航行区域边界，航摄高度为 h，倾斜摄影相机与水平面夹角为 θ，航向外扩距离为 $L=h/\tan\theta$。

图 4-5 航线外扩示意

4.3.4 任务航线角度自定义

倾斜航空摄影是利用倾斜航空相机获取地物信息的一种新型航空摄影方式。倾斜航空摄影区别于传统的竖直航空摄影方式，倾斜相机通常采用五个方位进行数据采集，分为正摄、前视、后视、左视、右视，搭配飞控系统获取高精度的位置和姿态信息。

无人机摄影测量系统获取的高分辨率的三维产品及三维实景模型，可实现对地质灾害体形态分布特征及所处区域的微地貌特征的精确描述，精确提取地质灾害体的属性信息，基于数据处理软件，能够在成果影像上进行高度、长度、面积、角度等的测量。不仅降低了调查人员的劳动强度和作业风险，也大大提高了应急调查的工作效率。另外，通过多次连续飞行获得的影像及三维模型，不仅可以对灾害体进行监测，掌握其随时间变化的特征，而且将不同时间序列的 DSM/DEM 进行差分对比，可精确计算滑坡厚度、体积变化量等一系列成果，从而为应急抢险工作的顺利实施及分析预判提供重要数据支撑。

航线角度自定义模型用于实现倾斜摄影飞行任务灵活规划的功能，作业操作员不需要进行过多的设置，也不需要具备专业测绘知识的人员辅助就可以轻松进行航线布设工作。根据任务区域的地形起伏和影像要求，基于高精度实景三维地形自动生成满足后期处理的最佳飞行方案和航线，并能对超大任务区域进行任意角度自动分割和航线角度调整，保证后期处理接边需要，模型流程设计如图4-6所示。

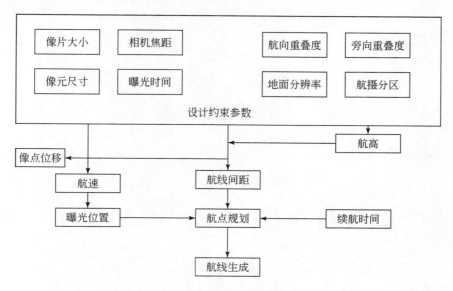

图4-6 模型流程设计

1. 模型功能

（1）绘制航点

绘制航点航线是整个航线规划部分的重点。根据无人机空间采样模型的任务需求，以及任务执行点，在地图上进行规划。绘制航线可以逐个手动添加，也可以使用系统的范围自动航线规划进行添加。手动添加只需要在地图上单击需要设为航点的地方，适合不太复杂的任务。自动航线规划包括多边形航线、条带航线及线条航线。线条航线就可以自动生成一条直线航线，适用于观测任务需求；条带状，选择条带航线，弹出参数设置界面，用户可根据数据采集的需要进行左右缓冲地带的设置，设置完成后，鼠标可根据采集数据的需求沿轨迹进行单击即可，适用于河流、道路等任务，任务规划完成后可以直接保存到本地或者上传到飞控，绘制航点如图4-7所示。

（2）架构航线

控制航线是指摄影测区内，为减少影像控制点的布设，加飞的若干条与测图航线近似垂直和增强区的航线。通过增加垂直于基本航向的架构航线，可提高平差精度域网模型之间的连续性。

（3）角度变化

无人机现场数据采集过程中，测区的形状不规则往往导致飞行航线数目偏多，影响飞行作业效率。任务航线角度自定义技术实现无人机在作业过程中根据目标测区的实际情况灵活调整飞行的角度，达到高效获取重灾区灾害现场数据的目标。

（4）飞机安全性检查

在飞行前，除需要对无人机、电池、遥控器等进行检查外，还需要对地面站规划的航

图 4-7　绘制航点

线进行防止撞机检查，结合实际应用以及高程数据的服务库，对所在航线飞行前进行安全性提示，不符合要求的作业不能进行，安全性检查如图 4-8 所示。

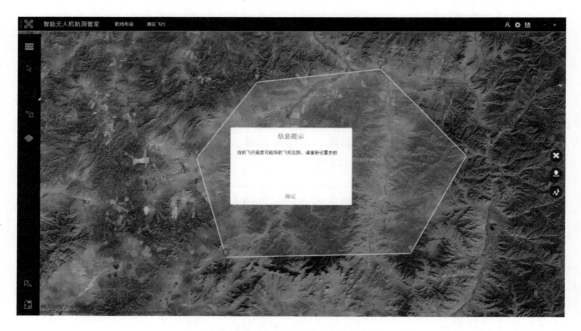

图 4-8　安全性检查

（5）仿地飞行

仿地飞行指的是在地图上任意勾绘一个多边形区域，针对多边形进行四至提取，计算四至的长宽比确定航线南北距离，进而确定无人机的飞行方向，根据飞行方向，生成四至内的每条飞行航线，包括航点及每条航线内的拍照点，同时根据计算区域内的高程数据来确定最终飞行高度，实现仿地飞行，仿地飞行设计流程如图4-9所示。

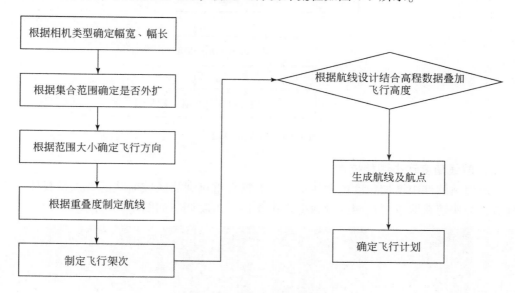

图4-9　仿地飞行设计流程

2. 算法过程

航线规划角度变换是一种基于航摄任务区为凸多边形寻找无人机转弯次数最少，并且可以进行航线角度微调的航带设计技术，通过此技术，实现灾害现场作业区域航线转弯次数最少，增加航时，确保灾害数据采集的范围，提升效率；同时航线角度可调节技术，可根据灾害重点观测区域面状的特点及具体大小进行调节，为快速获取重要观测区域数据提供支持。依次将各顶点存入链表，如按照顺时针排列，选取一边作为起算边，依次遍历其他顶点，分别计算各顶点到起算边的距离，对计算结果进行排序，选取最大值点并存储。依次选取每条边作为底边，计算各点到底边的距离，并记录每条边对应的最大值点，直至所有边和点都完成计算。对记录的各边点距离进行排序，选取最小值点和边，则该边对应的点的距离值即多边形的宽度值，以该底边为航摄方向的航带设计结果为最短航程结果。

（1）航线转弯次数最少技术（凸多边形算法）

在无人机航摄作业中，只有当以多边形最小跨度即宽度支撑平行线方向进行拍摄时方可满足最小跨度要求，跨度计算过程如图4-10所示。

多边形对应的支撑平衡线方向即无人机航摄方向，通过参数调节可根据航摄现场实际环境条件设定适合飞行的最佳航向。

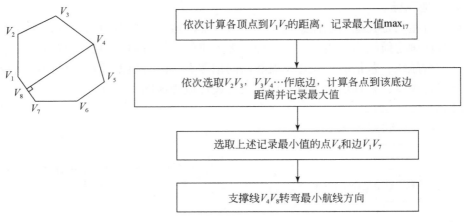

图 4-10　跨度计算过程

（2）航线角度动态调整技术

在地面站软件中增加角度可调接口，根据灾害重点观测区域面状的特点及具体大小进行调节，为快速获取重要观测区域数据提供支持，角度调节如图 4-11 所示。

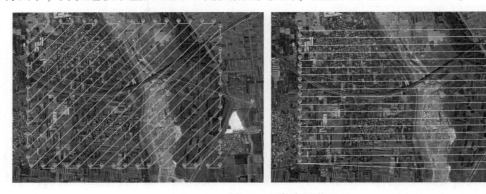

图 4-11　角度调节

4.3.5　航线优化设计

航线优化设计主要依托任务规划算法库，任务规划算法库包含航线间隔布设、曝光点间隔计算、航线高度计算、航线速度计算、自动划分架次等，任务规划算法库如图 4-12 所示。

航线数据文件一般为 xml 格式，文件定义一般为 *.gzproj。航线数据主要包括航点序号、动作、经度、纬度、相对起飞高度、相对上一航点距离、绝对角度、垂直速度、水平速度、坡度、水平偏角、转弯模式、机头朝向、停留时间、累计用时等。将航线数据存储在数据库中，为了存储与读取方便，考虑设计两级联动结构。第一级数据表中记录序号与航线名称；第二级数据表中记录航线的各项具体数据，包括每个航点的经纬高、动作等内容。

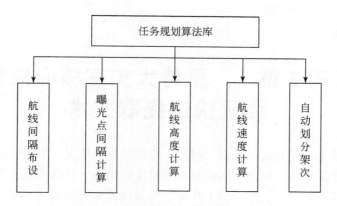

图 4-12 任务规划算法库组成示意图

| 第 5 章 | 重特大灾害核心灾情要素快速提取技术

自然灾害灾情是因灾导致的生命、财产、资源的损失情况。灾情属性是对灾害影响波及范围、时长、紧急救援安置和灾区恢复重建难度的描述。社会影响主要包括灾害对人类健康及生命的破坏，对房屋、生命线工程及公共基础设施等的破坏，对农业、工业、服务业等产业活动的直接和间接影响。经济影响分为直接损失、间接损失以及紧急救援和灾区重建投入。自然环境影响主要是水土资源、矿产资源、林木植被资源、景观资源、生物资源等的损失或污染，地形地质地貌的改变，局部生态系统的平衡破坏等。基于遥感的核心灾情信息提取主要针对最有可能造成大量人员伤亡、严重影响救援救灾效率或者可能存在重大次生灾害风险的目标信息开展监测，如重特大地震地质灾害主要针对房屋损毁、道路主端等目标开展监测，重特大洪涝灾害主要针对洪水淹没范围及溃坝状况开展监测。考虑到重特大灾害应急响应及救援救灾时间上的紧迫性，灾害发生后如何利用最短的时间将灾区核心灾情信息高效提取并直接服务于应急决策，是本章重要阐述的内容。

5.1 房屋建筑及损毁信息快速提取

房屋建筑区是人类生产生活最重要的场所，房屋建筑损毁是可能造成大量人员伤亡的最主要因素之一。基于高分辨率多源遥感数据，构建房屋建筑及损毁信息快速提取模型，实现灾后复杂场景下的房屋建筑物空间分布及其损毁信息快速提取，可为应急救援和综合决策提供必要的信息支撑。

5.1.1 面向房屋损毁分级的特征体系构建

基于多传感器遥感成像机理、指标参数和数据特点，从光谱、形态、纹理以及上下文之间关系等方面，分析重灾区、极重灾区的房屋建筑物目标特征，形成完整表达灾害目标的特征维度空间，构建房屋目标特征体系，从房屋特征数据集中优选出灾区范围内完好房屋以及不同损毁级别房屋的特征子集，从而构建房屋特征体系，为灾后房屋信息的快速识别提供技术支撑。本章房屋特征体系的构建，可以为灾前房屋信息识别，灾后不同损坏程度的房屋信息提取提供解译规则知识，推动高分辨率遥感房屋信息智能化自动化快速识别。

1. 房屋损毁遥感监测分级

根据国家质量监督检验检疫总局、国家标准化管理委员会在 2009 年发布的国家标准

《建（构）筑物地震破坏等级划分》（GB/T 24335—2009），将房屋建筑震害地面调查划分为 5 个等级，分别是灾害现场房屋建筑物基本完好、房屋轻微破坏、房屋中等破坏、房屋严重破坏、房屋毁坏。通过在汶川特大地震、玉树大地震等灾害现场对比验证目前常用的高分遥感数据，从多传感器遥感影像基本特点出发，本章将灾后现场房屋破坏等级归纳为 4 类，分别是房屋未受损（房屋完好）、房屋受损不明显、房屋部分受损、房屋完全损毁，根据震后现场调查照片及我国房屋多样性等特点，房屋受损不明显等级可以归入完好房屋的级别中，进而本章对房屋特征体系以及震害分级的研究主要从三方面展开，分别是完好房屋、完全损毁房屋、房屋遭到部分破坏（主要是灾害房屋墙壁的裂纹裂缝等）。表 5-1 是地震核心区灾损遥感评估房屋类型及特征描述，从光谱特征（色调）、形态特征（形状）和纹理特征三方面对房屋震害分级的特点进行描述，同时表 5-1 中附典型样例的照片。

表 5-1　地震核心区灾损遥感评估房屋类型及特征描述

房屋类型	结构工程定义	特征描述			典型样例
		光谱特征（色调）	形态特征（形状）	纹理特征	
房屋未受损	承重和非承重构件完好，或个别非承重构件轻微损坏	灰度均匀，未发现显著变化的斑点	呈完整的方形，本体与阴影形态规则、界限可辨	影像结构均匀一致	
房屋受损不明显	个别承重构件出现可见裂缝，非承重构件有裂缝	形成排列规则建筑物之间的浅色斑点状废墟	房屋四角边界清晰，无缺损	影像结构均一	
房屋部分受损	多数承重构件出现轻微裂缝，部分有明显裂缝，个别非承重构件破坏严重	色调较浅，形成排列规则建筑物之间的浅色斑点状废墟	房屋边界较为清晰，边界线部分缺损	影像结构较为均一	
房屋完全损毁	多数承重构件严重破坏，结构濒于崩溃或已倒毁，已无修复可能	阴影基本不能明显辨别，被瓦砾所覆盖，瓦砾形成影像区域浅色调	方形明显破坏或者消失；房屋边界线全部模糊或者房屋色调与周围地表融为一体，房屋屋顶崩塌、损坏成碎片	影像结构杂乱无章，模糊粗糙	

2. 房屋特征体系的构建

结合近期重特大地震灾害灾前和灾后高分辨遥感数据情况，根据高分辨率多光谱卫星影像的成像机理、指标参数和数据特点，从地物光谱、纹理、几何、阴影、上下文语义以及相关的地学辅助特征中，选取 64 个房屋特征值，形成房屋特征体系，分析不同类型建筑物的特征，同时形成房屋建筑物特征维度空间的完整表达，构建房屋建筑物识别的特征体系。表 5-2 是高分辨率遥感影像提取的房屋特征名称和对应的特征描述。

表 5-2　高分辨率遥感影像提取的房屋特征值（64 个特征）

特征名称	特征描述
光谱特征	波段平均值 Mean(R、G、B、NIR）；亮度 Brightness；标准差 StdDev(R、G、B、NIR）；波段贡献率（Ratio R、G、B），备注：L 层的平均值/所有光谱层平均值的总和；最大差值（max. diff）；形态学建筑物指数 MBI；建筑物指数 BAI：$(b-nir)/(b+nir)$；归一化建筑指数 NDBI：$(mir-nir)/(mir+nir)$；归一化植被指数 NDVI：$(NIR-R)/(NIR+R)$；差值植被指数 DVI：NIR$-R$；比值植被指数 RVI：NIR$/R$；土壤调整植被指数 SAVI：$1.5\times(NIR-R)/(NIR+R+0.5)$；优化的土壤调整植被指数 OSAVI：$(NIR-R)/(NIR+R+0.16)$；土壤亮度指数 SBI：$(R^2+NIR^2)^{0.5}$
几何特征	面积；长；宽；长宽比；边界长度；形状指数；密度 Density；主要方向 Main Direction；不对称性 Asymmetry；紧致度 Compactness；矩形度 Rectangular Fit；椭圆度 Elliptic Fit；形态剖面导数 DMP
纹理特征	熵 GLCM Entropy；角二阶矩 GLCM Angular Second Moment；相关性 GLCM Correlation；同质度 GLCM Homogeneity；对比度 GLCM Contrast；均值 GLCM Mean；标准差 GLCM StdDev；非相似性 GLCM Dissimilarity；角二阶矩 GLDV；熵 GLDV；对比度 GLDV；均值 GLDV
阴影特征	阴影指数 SI：$(R+G+B+NIR)/4$；阴影相关 Chen1：$0.5\times(G+NIR)/R-1$，备注：分离水体和阴影；阴影相关 Chen2：$(G-R)/(R+NIR)$，备注：分离水体和阴影；阴影相关 Chen3：$(G+NIR-2R)/(G+NIR+2R)$，备注：分离水体和阴影；阴影相关 Chen4：$(R+B)/(G-2)$，备注：分离水体和阴影；阴影相关 Chen5：$\|R+G-2B\|$，备注：分离水体和阴影
上下文语义特征	分割的对象个数；对象的层数；影像的分辨率；影像层的均值
地学辅助特征	数字高程模型 DEM（以波段形式加入遥感影像，转化为波段均值）；坡度信息（以波段形式加入遥感影像，转化为波段均值）；房屋建筑物矢量数据（与房屋建筑物分类结果叠加分析，优化分类精度）

可见光低空亚米级无人机影像由于受到波段的限制，只有 R、G、B 3 个波段，根据无人机航拍影像的特点，选择与房屋特征相关的 46 个特征值，包括光谱特征、几何特征和纹理特征，详细的特征名称和对应的特征描述见表 5-3。

表 5-3　亚米级无人机影像提取的房屋特征值（46 个特征）

特征名称	特征描述
光谱特征	波段平均值 Mean(R、G、B）；亮度值 Brightness(R、G、B）；标准差 StdDev(R、G、B）；波段贡献率（Ratio R、G、B），备注：L 层的平均值/所有光谱层平均值的总和；最大差值（max. diff）；绿度指数 Green index$=G/(R+G+B)$；红绿植被指数 GRVI$=(G-R)/(G+R)$
几何特征	面积；长；宽；长宽比；边界长度；边界指数；像元数；形状指数；密度 Density；主要方向 Main Direction；不对称性 Asymmetry；紧致度 Compactness；矩形度 Rectangular Fit；椭圆度 Elliptic Fit；形态剖面导数 DMP；nDSM 高度信息：来源于摄影测量点云；高度标准差：由于建筑物的高度较一致，标准差较小，植被树木等标准差较大

续表

特征名称	特征描述
纹理特征	熵 GLCM Entropy；角二阶矩 GLCM Angular Second Moment；相关性 GLCM Correlation；同质度 GLCM Homogeneity；对比度 GLCM Contrast；均值 GLCM Mean；标准差 GLCM StdDev；非相似性 GLCM Dissimilarity；角二阶矩 GLDV Angular Second Moment；熵 GLDV Entropy；对比度 GLDV Contrast；均值 GLDV Mean

以 2010 年海地地震为例，选取海地太子港总统府作为样例，对房屋损毁后的光谱特征和纹理特征进行描述（图 5-1）。通过文献调研，将全局纹理和局部纹理相结合，可以对损毁房屋特点进行详尽的描述。如前文所述，局部二值模式（local binary pattern，LBP）是用来描述房屋建筑局部纹理特征的算子，具有旋转不变性和灰度不变性特点。灰度共生矩阵（gray-level co-occurrence matrix，GLCM）是用来描述房屋建筑全局特征的算子，通过计算影像邻域范围像元灰度级的频率来区分不同的纹理和结构特性。本研究根据房屋特点和尺度大小，选择 5 个纹理测度作为灰度共生矩阵的纹理特征，分别是熵（entropy）、对比度（contrast）、角二阶矩（angular second moment）、自相关（correlation）、同质性（homogeneity）。考虑到过大窗口会导致房屋的边缘效应，本研究根据房屋尺度选择了 5×5 窗口。形态学建筑物指数（morphology building index，MBI）是利用房屋在高分辨率影像中表现出来的独特空间特征，并利用多尺度形态学特征，以包含房屋的不透水层图像为基础，提出的一种衡量房屋光谱特征的指标。

对图 5-1 中损毁房屋的纹理和光谱信息分析可知，在形态学建筑物指数图像中，损毁建筑物相对于完好建筑物部分数值偏高，在亮度值上，损毁部分也更加偏亮。同质性反映图像纹理的局部均匀程度，度量图像纹理局部变化的多少，图 5-1 中房屋完好部分的纹理

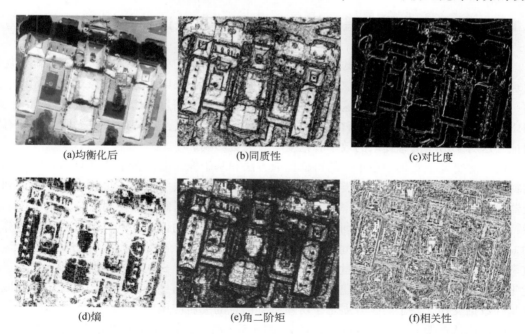

(a)均衡化后   (b)同质性   (c)对比度

(d)熵   (e)角二阶矩   (f)相关性

(g)形态学建筑物指数　　　　　　(h)局部二值模式纹理特征

图 5-1　基于遥感影像的房屋损毁纹理特征描述

变化较小，局部均匀，损毁部分变化较复杂，纹理差异性较大，同质性较小，呈现不均匀的特点。

从对比度来看，整个房屋与周围地物背景的对比度较大，纹理的沟纹越深，效果越清晰，但难以区分出房屋损毁部分。熵是图像包含信息量的随机性度量，房屋损毁后导致碎屑遍地分布，灰度级的分布也较复杂，熵越大，影像上表现出的随机性也越大；角二阶矩是灰度共生矩阵中各个元素值的平方和，是对图像能量分布和灰度变化程度的一种反映，在图像中表征为纹理的粗细度。

当角二阶矩值较大，即能量值较大时，表示纹理变化较为稳定，在图 5-1 中与完好房屋部分相对应，当损毁部分由于纹理杂乱不规则，表现出不稳定性的特点，能量值则较小。相关性反映了图像纹理的一致性，它度量空间灰度共生矩阵元素在行或列方向上的相似程度，相关值大小反映了图像中局部灰度相关性。完好房屋部分与损毁部分的矩阵元素值相差较大，其相关性小。

5.1.2　基于高分辨率遥感影像的房屋信息快速监督识别

随着遥感影响空间分辨率的不断增加，传统基于像素的分类识别方法已无法满足房屋建筑等地物信息快速、精准提取的需要。而面向对象的方法则考虑了图像对象的光谱、几何、纹理和拓扑关系等特征，这使得可以利用上下文语义信息来增强提取效果（Xu et al.，2018）。由于房屋建筑等地物特征呈现海量和高维度的特点，从特征集中提取目标的有效特征，这对于房屋信息提取的效率和精度有着关键影响。

前人的研究主要集中在单一的特征提取方法和基于像元的分析上，并且需要输入的原始特征较多，并没有利用不同类别特征选择和面向对象方法的优点，也没有充分考虑到分类器参数的优化问题，导致效率慢，精度也不高。本章为了解决面向对象信息提取中的高维特征冗余和收敛慢等问题，利用遗传算法能优化多目标的优点，同时改进基于遗传算法的 wrapper 方法，将 filtering 思想和 wrapper 思想融合起来，解决了高维特征收敛慢、运行效率低的问题，并且对支持向量机（support vector machine，SVM）分类器的输入参数进行优化，最终准确提取灾前房屋建筑物信息，掌握灾前房屋信息可以为灾后损毁信息提取提供基础数据支撑，便于后续开展基于房屋基础信息的灾后应用。

特征优选框架下的房屋提取总体流程如图 5-2 所示。该流程主要分为三方面：第一，通过多尺度分割，构建高分辨率遥感影像的对象，影像对象是特征和知识表达的载体，准确构建影像对象是后续目标识别的基础；第二，特征选择，通过将特征权重排序（ReliefF，RF）算法、遗传算法以及支持向量机模型相结合，对特征进行优化和优选，形成房屋最优特征子集；第三，利用支持向量机模型，对上述优选的特征子集进行房屋信息提取和识别，并将其灵敏度与相关方法进行比较。

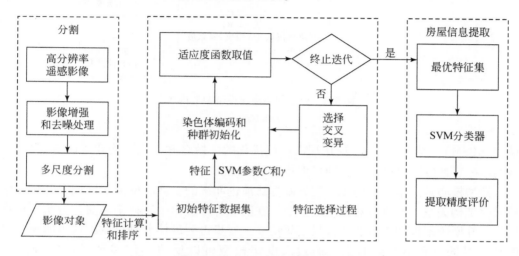

图 5-2　特征优选框架下的房屋信息提取总体流程

1. 基于分形网络演化模型的面向对象多尺度分割

Baatz 和 Schape 针对高分辨率遥感影像提出多尺度分割概念，又称为分形网络演化方法（fractal net evolution approach，FNEA）（Nussbaum and Menz，2008；Hofmann et al.，2006；Vu et al.，2004），是从底部到顶部的区域增长算法。基于最小异质性原理，将具有相似光谱信息的相邻像素合并为均匀图像对象，分割后属于同一对象的所有像素表示相同的特征，不同尺度的地物使用不同的尺度，多尺度分割的尺度具有差异性。该算法是从最底层的像元层开始，以初始的像素点为中心种子点进行生长，邻域的像素与中心种子点进行比较，如果性质相似则进行合并，自下而上，设定不同的尺度参数，以一级的对象块为基础，进行区域合并，如此循环往复，形成网络层次结构，直到合并终止。本章中像元合并遵循异质性最小原则，逐步将异质性最小的像元进行合并，主要受尺度、颜色、形状3 个条件的制约（图 5-3），尺度参数表示对象合并的大小，地物对象的异质性函数包括光谱代价函数和形状代价函数两部分，也就是对应颜色和形状因子，权重之和为 1。形状因子通过光滑度和紧致度进行描述，设置不同权重大小，调整地物边界的光滑和紧致程度。

FNEA 的尺度参数是区域合并成本，是合并对象时"异质性变化"的阈值，在一定程度上实现了图像的多尺度表达。但其仅能记录在分割之前预先设定的尺度参数的尺度表达结果，这种方式往往只能获得有限个数的多尺度表达形式。针对层次关系不明晰，尺度转换等问题，Felzenszwalb 在 2004 年提出了一种有效的基于图的图像分割模型。本章在图的分割模型基础上，采用尺度寻优方法，由 Hu 等（2016）进行改进，是一种新的双层尺度

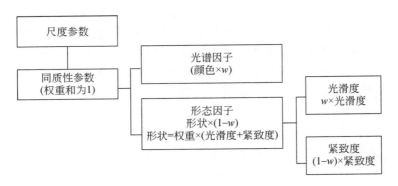

图 5-3 分形网络演化模型参数构成
w 指权重

集模型（BSM）。结合 FNEA，应用层次迭代优化的区域合并方法，构建了区域层次结构，并得到房屋影像的多尺度表达，即尺度集模型。

该模型核心是由基于图的多尺度分割算法演进而来的。该模型记录区域合并过程中的区域层次结构关系，并进行对象尺度索引，在区域合并过程中进行全局演化分析，依据最小风险贝叶斯决策框架进行非监督尺度集约简，逐步得到最佳分割尺度，这里所说的最佳尺度是相对的，而不是绝对的。通过尺度集模型可以反演影像多种尺度的分割结果（图 5-4），以便根据地物尺度大小，及时调整尺度参数。影像的多尺度分割寻优结果如

(a)原始影像   (b)分割尺度200

(c)分割尺度100   (d)分割尺度80

(e)分割尺度50　　　　　　　　　　　　　　(f)分割尺度30

图 5-4　不同尺度下的遥感影像分割效果比较

图 5-5 所示，从图 5-5 中可以看出，多传感器平台数据下的房屋从复杂场景中被较好地分割出来，边界轮廓清晰，为后续信息提取和识别打下了基础。

(a)GF-2影像　　　　　　　　　　　　　　　(b)BJ-2影像

(c)无人机UAV影像

图 5-5　影像分割结果

2. 特征体系的构建以及特征集优化

从卫星和无人机影像中，提取特征变量，构建面向房屋对象的特征体系。特征主要包括图像对象的光谱、几何、纹理、阴影、上下文和地学辅助特征等方面。为了测试特征优化和选择的性能，从高分辨率遥感图像（包括 GF-2、BJ-2 卫星图像）中收集了 64 个特征，从无人机图像中收集了 46 个特征。由于无人机影像仅包含 R、G 和 B 3 个可见光波段，因此，光谱和阴影特征与卫星影像的光谱和阴影特征明显不同。特征集的具体名称和表达方法见 5.1.1 节所述。

在房屋信息的提取中，信息提取的目标通常是识别精度最大，而所使用的特征相对较少，所以核心是对特征集进行优化。特征集的优化主要是先根据 ReliefF 算法筛选出候选特征，然后利用改进的遗传算法以及对支持向量机模型中关键参数 C 和 γ 的优化。特征集优化过程的主要步骤如表 5-4 所示。

表 5-4　特征集优化过程

主要步骤	特征集优化的内容
输入	S 表示原始的特征子集，$g_f^{n(f)}$、$g_C^{n(C)}$、$g_\gamma^{n(\gamma)}$ 表示原始种群，f 表示编码的特征子集，C 和 γ 表示编码的 SVM 关键参数
输出	基于特征权重排序（ReliefF）和优化遗传算法（IGA）、支持向量机关键参数（C 和 γ）的特征优选结果
循环过程	1）使用 ReliefF 对样本特征集进行排序，特征的权重 $t(\omega_i^i)$ 被更新 m 次以获得均值； 2）利用改进遗传算法对种群 $g_f^{n(f)}$、$g_C^{n(C)}$、$g_\gamma^{n(\gamma)}$ 进行初始化； 3）设置种群个体的适应度函数，并计算特征成本 $\frac{1}{n}\sum_{i=1}^{n} f_i \times C_i$，$C_i$ 表示特征成本，$f_i=1, 0$； 终止测试直到满足： 较少的特征子集，总特征成本最低，分类精度较高

3. 房屋样本的选择与统计

针对不同传感器影像的成像特点，并根据高分辨率遥感影像人眼可以识别的原则，确定房屋遥感分类体系，将房屋分为高层建筑、多层建筑、厂房、一般平房 4 种类型，分别在 GF-2 影像、BJ-2 影像和 UAV 影像对象分割的基础上，选择各种典型的房屋样本。在样本选择时尽可能均匀分布且包含房屋的每一种类型，为后续训练分类器打下基础，这也可以提高分类器的提取精度。由于使用 SVM 多类模型，还需要选取道路、植被、阴影、水体和裸地几种地类，样本选择时，尽量避开存在混合像元的地类，以便降低混合像元对分类精度造成的影响。房屋训练样本和测试样本的选取样例如图 5-6 所示，选取的地类和数量如表 5-5 所示，训练样本的数量尽量保证在测试样本数量的 2/3 最为适宜，有利于提高分类器的训练效率和精度。

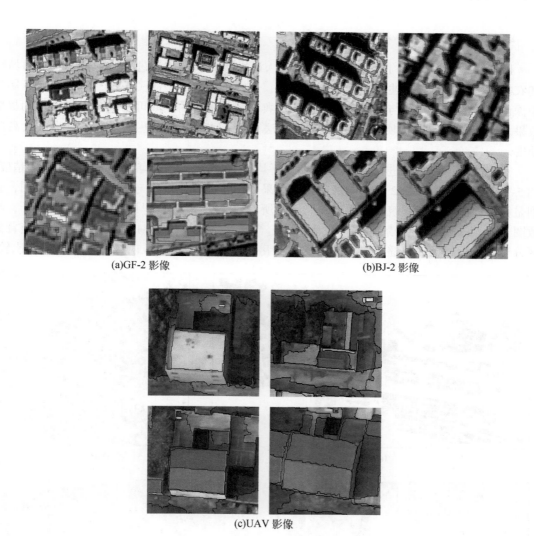

(a)GF-2 影像   (b)BJ-2 影像

(c)UAV 影像

图 5-6   房屋训练和测试样本示意

表 5-5   不同传感器影像的样本统计结果   （单位：个）

数据	样本类别	建筑物	道路	植被	阴影	水体	裸地
GF-2 影像	训练样本	95	75	85	68	70	92
	测试样本	106	92	113	72	85	110
BJ-2 影像	训练样本	95	80	87	79	—	91
	测试样本	102	95	92	86	—	95
UAV 影像	训练样本	105	110	95	90	—	90
	测试样本	112	115	102	98	—	102

4. 房屋识别结果与精度评价

以 GF-2 卫星影像、BJ-2 卫星影像和无人机影像对本章方法进行验证，并分别对城市和农村地区地物进行描述。在研究区范围内，选择了三个典型的图像进行试验，而且影像中深色屋顶的光谱特征与道路比较接近，对典型影像信息的提取可以验证本章方法的提取效果。研究表明，本章所用的特征优化算法可以在背景较为复杂的情况下获得较高的精度。

对不同分辨率影像进行 15 次实验获得平均值（图 5-7），平均值表示最高的识别精度。图 5-7（a）显示了 GF-2 图像的房屋提取结果，图 5-7 中建筑物与其他土地类型不同，特别是城市地区的高层建筑和多层建筑。因为所有建筑物和道路都具有相似的光谱特征，导致图 5-7（b）是三种场景中最难检测到的，当建筑物没有阴影时，很难将建筑物与背景区分开来。通过无人机遥感影像获得的农村房屋的提取结果与目视解译结果进行了比较，

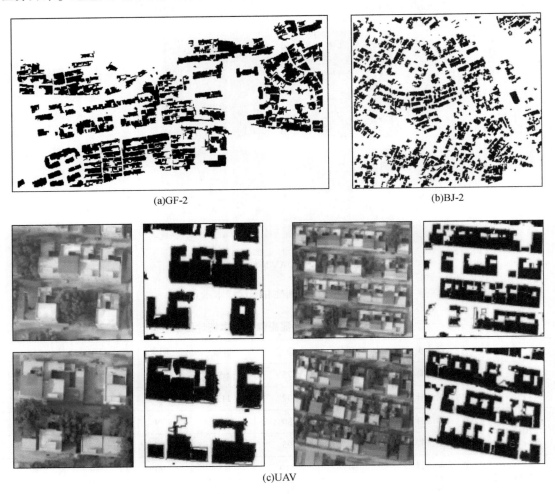

(a)GF-2　　　　　　　　　　　　　　(b)BJ-2

(c)UAV

图 5-7　城市和农村区域的房屋提取结果

实验结果如图 5-7（c）所示，左图是原始遥感影像，右侧的黑色区域表示本章提取结果，红色多边形表示目视解译结果外部轮廓线。

对于房屋识别的最佳精度，GF-2 影像优选出的特征主要包括 Mean B（蓝波段平均值）、Mean R（红波段平均值）、SBI（土壤亮度指数）、GLCM Mean（all direction）（GLCM 均值）、MBI（形态学建筑物指数）、NDVI（归一化植被指数）、Length/Width（长宽比）以及 Elliptic Fit（椭圆度）；BJ-2 影像优选的特征主要包括 max. diff（最大差值）、Mean R（红波段平均值）、Shape index（形状指数）、GLCM Homogeneity（all direction）（同质度）、GLDV Entropy（GLDV 熵）以及 Chen 3（阴影相关指数）；UAV 影像优选的特征主要包括 Ratio G（绿波段贡献率）、Green index（绿度指数）、Brightness（亮度值）、Rectangular Fit（矩形度）、Density（密度）、GLCM StdDev（GLCM 标准差）、GLCM ASM（GLCM 角二阶矩）、Main Direction（主要方向）、Length/Width（长宽比）以及 Elliptic Fit（椭圆度）。

采用两种精度评价方式对所提方法进行精度验证，第一种方式采用混淆矩阵对分类结果进行准确度评估，包括总体精度（overall accuracy，OA）、生产者精度（producer's accuracy，PA）、用户精度（user's accuracy，UA）和 Kappa 系数（Kappa）4 个评价指标及特征个数，第二种评价方式采用的主要指标有精确率、召回率及 F1-Score，用来评估 SVM 分类器的性能。我们从这两个角度评估了所提方法的准确性。Kappa 系数是最重要的系数，因为它标志着算法的稳健性。如果系数超过 0.6，则认为算法具有良好的性能。总体精度是一项总体评估，表明该技术的一般性能。

$$OA = \frac{TP + TN}{T} \tag{5-1}$$

$$Kappa = \frac{T \times (TP + TN) - \mathit{\Sigma}}{T \times T - \mathit{\Sigma}} \tag{5-2}$$

$$PA = \frac{TP}{TP + FN} \tag{5-3}$$

$$UA = \frac{TP}{TP + FP} \tag{5-4}$$

式中，$\mathit{\Sigma} = (TP+FP) \times (TP+FN) + (FN+TN) \times (FP+TN)$；TP 表示正确提取的像素；FP 表示错误提取的像素；TN 表示正确检测到的非建筑物像素；FN 表示未检测到的房屋建筑物像素。

从识别率的角度来看，精度是由 SVM 分类器正确分类的房屋建筑物的百分比，召回率是所有实际建筑物中正确分类为建筑物的百分比，F1-Score 是精确度和召回率的平均值，用于综合权衡准确率和召回率，计算公式为

$$Pre = \frac{Ntp}{Ntp + Nfp} \times 100\% \tag{5-5}$$

$$Rec = \frac{Ntp}{Ntp + Nfn} \times 100\% \tag{5-6}$$

$$F1\text{-}Score = 2 \times \frac{Pre \times Rec}{Pre + Rec} \tag{5-7}$$

式中，Ntp 表示被检测到的房屋同时在地表真实图中被标记的房屋；Nfp 表示在地表真实图中被标记的房屋但是没有被检测到；Nfn 表示被模型检测到的房屋但是在地表真实图中没有被标记。

房屋提取结果的精度统计见表 5-6，本方法具有较高的精度和很好的鲁棒性，Kappa 系数达到 0.8 以上，总体精度达到 80% 以上。无论房屋密集分布以及较为复杂的背景，通过本方法进行优选的特征都具有很好的鲁棒性，对复杂场景较为适用。由于无人机影像只有 R、G 和 B 3 个可见光波段，用于提取分类特征的优化时间较长，相对于卫星影像而言，用于信息识别的特征数量也更多。

表 5-6 高分辨率影像房屋提取结果精度评价

高分辨率影像	GF-2 影像	BJ-2 影像	UAV 影像
总体精度	88.52	89.75	91.3
Kappa 系数	0.8	0.83	0.85
生产者精度	91	93.12	96.21
用户精度	89.65	89	90.38
使用特征个数	8	6	10
优化时间/s	7.85	13.79	18

5. 优选特征验证与相关方法的精度比较

由于核密度估计（kernel density estimation，KDE）方法不利用有关数据分布的先验知识，对数据分布不附加任何假定，是一种从数据样本本身出发研究数据分布特征的方法，因而，在统计学理论和应用领域均受到高度的重视。核密度估计是在概率论中用来估计未知的密度函数，属于非参数检验方法之一，本章利用核密度概率曲线图对优选的特征样本进行验证。图 5-8 表示来自三种典型研究场景的不同对象特征的概率密度分布，可以根据这些特征很好地区分地物类型，并且可以将房屋用地与其他相邻地物类型区分开，从而便于房屋信息的提取。

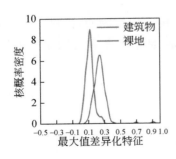
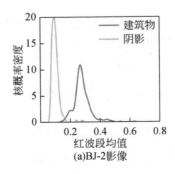
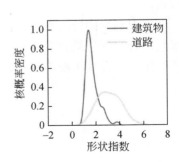

(a)BJ-2影像

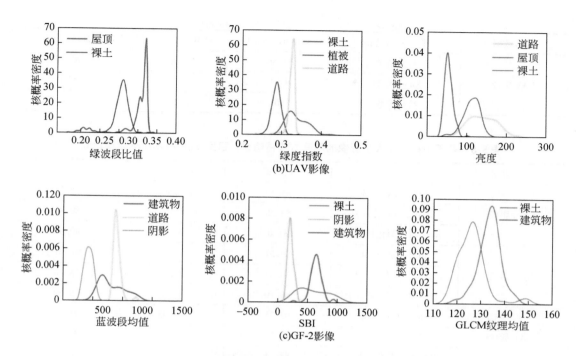

图 5-8 基于高分辨率影像提取的不同地物特征概率密度分布

为进一步证明本书所提方法的有效性，将房屋提取方法与其他两种通用方法进行对比研究，分别计算信息提取精度。3 种不同方法的房屋提取结果如表 5-7 所示，本方法的总体精度均超过 80%，无人机图像达到 91.30%。这表明本方法比其他两种方法选择的特征更具代表性，对房屋信息提取的总体精度提高起到很大作用。对于没有经过特征筛选和优化的 SVM 提取方法，总体精度也达到了 80%，然而，特征的冗余带来了巨大的计算成本。RFSVM 的准确度低于其他两种方法。本章提出的改进方法实现了较高的信息提取总体精度和少量的特征个数，本方法更适用于房屋信息提取。同时，采用精确率、召回率以及 F1-Score 3 个指标将本章的提取方法与 SVM（所有特征）、简化特征后的 SVM 模型提取方法进行比较分析，得出表 5-8 结果。BFD-IGA-SVM 特征降维和优化策略提取方法明显优于其他两种提取方法。每幅图像的精度均超过 85%，精确率和召回率明显高于其他两种方法。

表 5-7　BFD-IGA-SVM 与相关方法的结果精度比较

实验数据	评价指标/方法	BFD-IGA-SVM	SVM（所有特征）	RFSVM（简化特征）
GF-2 影像	总体精度	88.52	86.46	83.02
	Kappa 系数	0.90	0.88	0.85
	特征个数	8	85	13
BJ-2 影像	总体精度	89.75	81.06	80
	Kappa 系数	0.93	0.85	0.90
	特征个数	6	85	13

续表

实验数据	评价指标/方法	BFD-IGA-SVM	SVM（所有特征）	RFSVM（简化特征）
UAV 影像	总体精度	91.30	86	90.25
	Kappa 系数	0.91	0.88	0.85
	特征个数	10	70	15

表 5-8　基于卫星和无人机影像的不同方法精确率、召回率和 F1-Score 结果比较

实验数据	方法/评价指标	精确率	召回率	F1-Score
GF-2 影像	BFD-IGA-SVM	85.50	86.81	86.15
	SVM（所有特征）	83.25	82.53	82.89
	RFSVM（简化特征）	81.0	80.0	80.50
BJ-2 影像	BFD-IGA-SVM	89.51	88.12	88.81
	SVM（所有特征）	78.67	77.50	78.08
	RFSVM（简化特征）	80.10	79.1	79.60
UAV 影像	BFD-IGA-SVM	92.25	90.05	91.14
	SVM（所有特征）	86.51	78.81	82.48
	RFSVM（简化特征）	87.35	85.0	86.41

特征冗余会增加搜索空间的大小并影响算法的运行速度。本章以 BJ-2 影像的不同方法迭代时间，将本章的改进方法与 SVM（所有特征），以及没有经过遗传算法优化的 RFSVM 方法进行比较，以测算效率（Xu et al.，2015）。如图 5-9 所示，利用所有原始特征子集的 SVM 方法，由于众多的特征冗余耗费更多的时间，计算运行效率很低。这主要是因为全局优化需要花费大量时间来增加迭代次数，才能达到收敛。本章使用的改进方法所花费的时间远远少于其他两种方法的时间，相对于使用原始特征集提取时间相比，时间节省接近一半。结果表明，本章方法处理对于房屋提取效率大大提高，从时间效率上说明

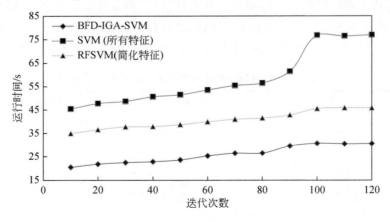

图 5-9　不同迭代次数下相关方法的效率比较

方法的有效性，特别是对灾后现场房屋信息快速提取，具有很好的应用价值，对灾后重建和快速救援起到很重要的信息支撑。

6. 基于完好房屋信息的灾后应用

本章前面部分详细阐述了基于模型方法的灾前房屋信息提取研究，为探索基于灾前房屋信息的灾后应用，可以通过前后不同时相影像完好房屋信息的变化检测，进而得到损毁信息。图4-15详细展示了基于完好房屋信息的应用过程，图5-10（a）和（b）分别表示同一地区灾害前后不同时相影像，图5-10（c）和（d）分别提取影像灾前与灾后房屋信息，并在图中叠加影像进行显示，图5-10（e）和（f）表示前后时相房屋信息通过变化检测后得到的损毁部分信息。通过对灾前完好房屋基础数据和信息的掌握，有利于在灾后对房屋损毁信息的快速提取和定位，快速掌握灾害现场信息，提高灾后应急救援的时效性。

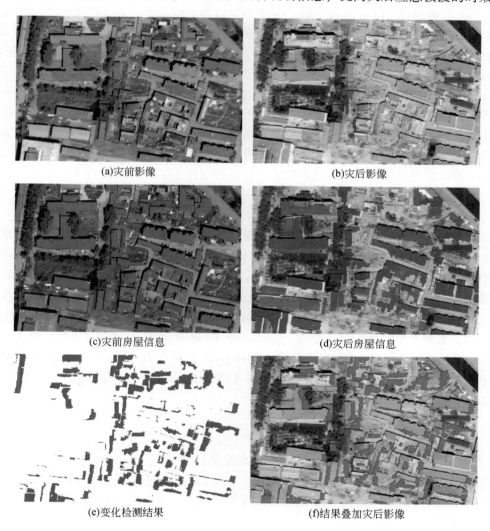

(a)灾前影像 (b)灾后影像

(c)灾前房屋信息 (d)灾后房屋信息

(e)变化检测结果 (f)结果叠加灾后影像

图5-10 基于完好房屋信息的灾后应用

5.1.3 基于多尺度光谱纹理自适应融合的灾后房屋损毁模型构建及应用

与中低分辨率遥感影像相比，高分辨率影像中房屋的边界轮廓更加清晰，纹理信息更加突出，色调更加丰富，空间信息也更加明确。本章主要是利用灾后高分辨率光学遥感影像，研究多尺度光谱纹理特征融合的房屋损毁信息自动提取方法。主要分为3个步骤：首先，对影像的纹理特征和光谱特征进行像素级增强；然后，对得到的特征影像进行特征级融合，并对融合的特征影像进行超像素分割；最后，构建灾后房屋损毁指数模型（Zhang et al.，2020a）。

详细流程包括：①颜色空间转换，R、G、B 转换到 La^*b^* 颜色空间。②对 La^*b^* 颜色空间进行多尺度局部 GLCM 纹理提取，生成 LBP 纹理图像。③对 La^*b^* 颜色空间进行全局 GLCM 纹理提取，生成 GLCM 纹理图像。④多尺度 LBP 耦合 GLCM 纹理的图像纹理增强，融合 LBP 纹理模式和 GLCM 纹理模式。⑤对 La^*b^* 颜色空间计算形态学建筑物指数 MBI，生成 MBI 图像，达到光谱增强的目的。⑥MBI 图像和增强纹理进行融合，并进行特征分布统计描述（好的特征分布统计决定了图像描述能力），用粗糙集方法进行降维。其中，纹理统计描述方法采用纹理相似性度量。⑦基于融合光谱纹理图像进行面向对象的超像素分割。⑧对分割后的超像素对象构建全局能量函数，进行对象块的合并。⑨构建灾后房屋损毁指数模型。⑩利用数学形态学算法对结果进行后处理，包括腐蚀、膨胀、求并运算。

基于多尺度光谱纹理自适应融合的灾后房屋损毁技术流程如图 5-11 所示。

1. 实验数据

在面向房屋损毁分级的特征体系构建的基础上，为构建灾后房屋损毁模型，本章主要基于多传感器平台震后高分辨率遥感影像，包括卫星影像、航空影像和无人机航拍影像3 种类型，研究区以国外和国内典型地震灾后区域为例，分别是 2010 年玉树震后核心区卫星影像和无人机影像，2010 年海地太子港地震核心区机载航空影像，具体的影像参数见表 5-9，3 种类型的样例影像见图 5-12～图 5-14。其中国外海地机载航空影像数据由世界银行资助，来源于罗切斯特理工学院（Rochester Institute of Technology，RIT）影像科学中心（Scientific Center for Imaging Science）和 Imagecat 公司 2010 年 1 月 21～27 日采集的高分辨率航空遥感图像。水平投影为 UTM Zone 18N WGS84 Meters，垂直投影为 Orthometric（EGM96）。

2. 影像预处理

影像的预处理包括去噪和对比度增强。高斯低通滤波器（Gaussian low pass filter）是一类传递函数为高斯函数的线性平滑滤波器，对于去除服从正态分布（normal distribution）的噪声效果较好，可以突出影像中地物的边缘细节信息。本章利用高斯去噪方法对影像进行去噪预处理。

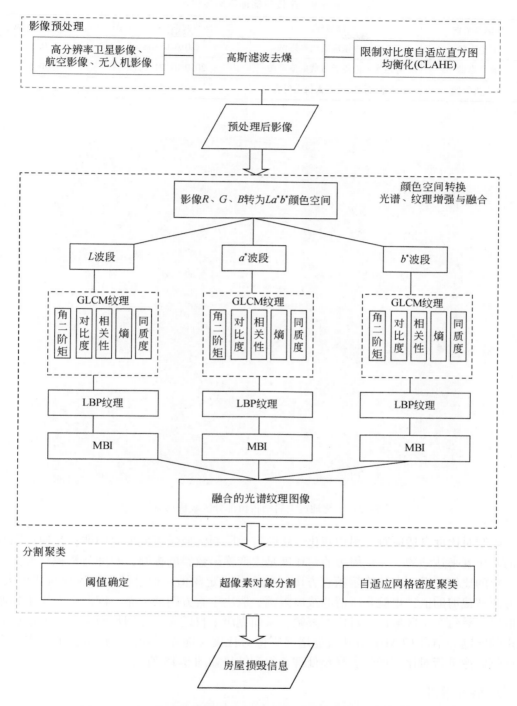

图 5-11　基于多尺度光谱纹理自适应融合的灾后房屋损毁技术流程

表 5-9　多传感器遥感影像概况

传感器平台	影像名称	影像采集时间/（年/月/日）	分辨率/m
卫星影像	玉树结古镇震后快鸟影像	2010/05/06	0.61
航空影像	海地太子港震后机载航空影像	2010/01/21～27	0.5
无人机影像	玉树结古镇震后无人机正射影像	2010/04/20	0.2

图 5-12　玉树地震灾后结古镇部分区域快鸟卫星影像

限制对比度自适应直方图均衡化方法能有效限制区域噪声放大等问题，是通过限制影像的对比度来达到的。邻域周边的对比度是由变换函数斜度控制，斜度与累积直方图之间有一定的比例关系。在计算累积直方图函数之前设定阈值，通过阈值来控制对比度大小。直方图被裁剪的值，也就是所谓的裁剪限幅，取决于直方图的分布，因此也取决于邻域大小取值。对每个小区域使用对比度限幅，从而克服了自适应直方图均衡化方法的过度放大噪声的问题。结合 CLAHE 方法既能增强影像对比度又能克服噪声过度放大的优点，本章对样例影像进行对比度增强去噪预处理，得到结果如图 5-15 所示。

3. 特征增强

依据前文构建的房屋特征体系指标，选取了相关的部分特征指标，还利用房屋光谱与纹理特征的增强和融合，重点突出损毁房屋在复杂背景环境下的特征差异，为后续房屋损毁模型的构建打下了基础。

图 5-13 海地地震灾后太子港部分区域机载航空影像

图 5-14 玉树地震灾后结古镇部分区域无人机影像

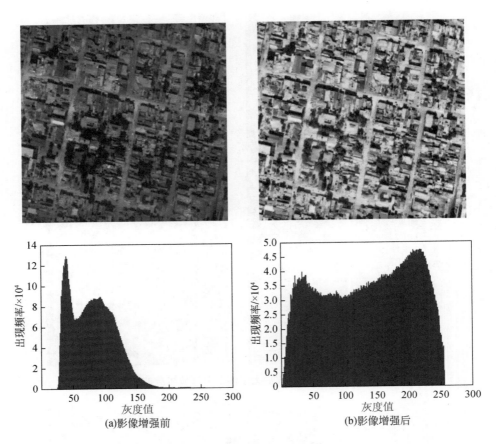

(a)影像增强前　　　　　　　　　　　　(b)影像增强后

图 5-15　玉树倒塌房屋样例

（1）光谱增强

1）颜色空间转换。La^*b^* 颜色空间主要是由 3 个要素组成（孟章荣，1996）：L 为亮度（Luminosity），a^* 与 b^* 为色调。L 的值域为 $[0, 100]$，对于地物的纹理特征极为敏感，与 R、G、B 颜色空间相比，色域更加宽阔，有效解决色彩分布不均的问题，在颜色特征方面，更加能够模拟人眼看到的特征，从而达到分离提取的目的，特别是对于地物的纹理细节，描述能力更强。本章通过将影像从 R、G、B 颜色空间转换到 La^*b^* 空间（图 5-16），达到颜色特征增强的目的。图 5-17 是 R、G、B 颜色空间转换到 La^*b^* 颜色空间，L 通道能够提供非常丰富的纹理信息，且 La^*b^* 是非线性的，方便后续图像处理中的颜色空间转换，以及对纹理图像的增强。

2）MBI 计算。为了更进一步将损毁房屋信息从复杂的场景中区分出来，以光谱为基础的 MBI 被加入进来。MBI 是以形态学为理论基础的，与房屋建筑物形态特点相符合，对于城市或农村的建成区房屋部分，MBI 值较高，与植被、道路、裸土等背景有明显的区别。从图 5-18 中可以看出，房屋建筑物部分明显比其他地物要亮，但需要指出的是，在我们计算灾后影像的 MBI 时发现，房屋的损毁部分由于形态学剖面导数较高，导致 MBI 计算结果中，损毁部分相比其他房屋建筑物，数值更大，亮度更亮。图 5-18 中除了一些

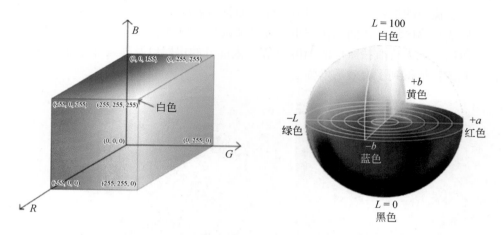

图 5-16　R、G、B 颜色空间和 La^*b^* 颜色空间示意
来源：国际照明委员会

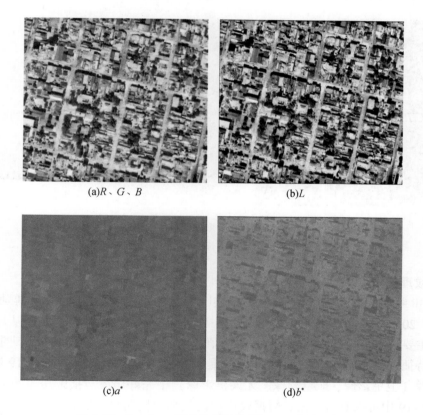

图 5-17　R、G、B 颜色空间转换到 La^*b^* 颜色空间

R、G、B 是线性的，La^*b^* 是非线性的颜色空间，具有更广的视觉描述范围，L 通道能够提供非常
丰富的纹理信息，取值范围为 $0\sim100$，a^* 和 b^* 通道能够提供差异较大的亮度信息

小斑点外，影像中的损毁房屋得到明显增强，而且植被信息得到了有效的抑制。这里的小斑点与房屋建筑物区域相比面积比较小，可以被认为是噪声的影响。经过对卫星影像、机载航空影像以及无人机航拍影像的 MBI 计算，大部分的房屋以及损毁部分都呈现出较高的亮度值，光谱特征得到了有效的增强。

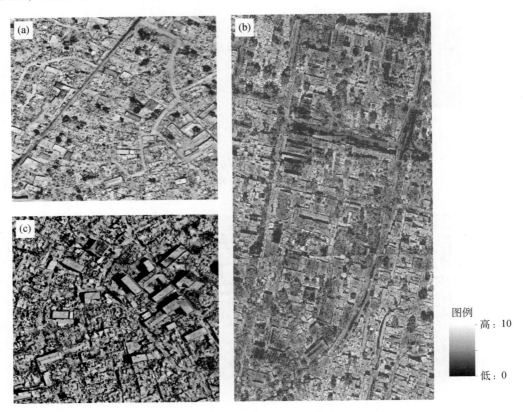

图 5-18　基于多传感器的 MBI

（a）卫星影像 MBI；（b）机载航空影像 MBI；（c）无人机航拍影像 MBI

（2）纹理增强

1）LBP 纹理特征。LBP 是一种用来描述图像局部纹理特征的算子（朱博勤等，1998；王凯丽等，2018；朱自娟等，2018），也是一种灰度尺度不变的纹理算子，从局部邻域纹理得来，主要是用中心像素的灰度值作为阈值，与它的邻域相比较得到的二进制码来表述局部纹理特征。在纹理分析方面，LBP 算子是最好的纹理描述符之一，图 5-19 展示了 3 种传感器影像（卫星影像、航空影像、无人机影像）中完好房屋与损毁房屋的 LBP 纹理比较，从图 5-19 中可以看出，完好与损毁房屋的纹理差别明显，LBP 主要是从影像细节上突出了损毁房屋的局部纹理。

2）GLCM 纹理特征。GLCM 是计算有限邻域局部范围内像元灰度级出现的频率，不同的纹理和空间位置关系会产生不同的矩阵，矩阵表示影像中地物不同的灰度级关系，以此来区分不同的纹理结构。GLCM 已经广泛应用于纹理特征的提取，采用各种统计测度提

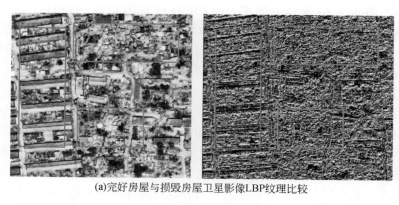

(a)完好房屋与损毁房屋卫星影像LBP纹理比较

(b)完好房屋与损毁房屋航空影像LBP纹理比较

(c)完好房屋与损毁房屋无人机影像LBP纹理比较

图 5-19　多源遥感数据的 LBP 纹理图像比较

取像素在移动窗口的共生频率，反映邻域范围内的灰度变化和纹理特征。如果邻域范围内灰度值比较平滑，GLCM 主对角线像素的值较大，如果邻域范围的灰度值存在随机分布特点，GLCM 中所有元素呈现相似频率。GLCM 在计算的过程中应该考虑三方面问题，GLCM 测度指标的选择、移动窗口的大小、GLCM 计算的基准影像。根据文献调研和多次实验，选择 5 个代表性的纹理测度，分别为计算影像同质性的指标 Homogeneity（HOM）、Angular Second Moment（ASM），计算影像异质性的指标 Entropy（ENT）、Dissimilarity（DIS）以及影像元素之间的相关性 Correlation（COR）指标。

本章计算了多源遥感数据的全局纹理特征，包括高分辨率卫星影像、航空影像以及无人机影像的同质性、对比度、熵、角二阶矩和相关性五大纹理指标。由于小的移动窗口能够探测到比较细致的纹理信息，同时也会产生很多斑点噪声，而较大的移动窗口能够检测大尺度的纹理，但会丢失很多地物的细节信息，使边缘很模糊。因此，窗口大小的设置要根据不同来源高分辨率影像中提取地物的目的和地物具体特征来进行具体分析和选择。因此本章比较了 3 种传感器影像的特征图的窗口效应影响，通过多次实验，发现大于 5×5 的窗口会有明显的窗口边缘效应，平滑影像细节信息，而更小的窗口又无法突出影像的局部特征，最终选择 5×5 移动窗口。5 种纹理指标使用的是基于多光谱影像的第一主成分，多次实验表明，使用主成分信息作为局部纹理的提取效果比使用单个光谱波段要好。纹理指标的计算如图 5-20 所示，图 5-20 中红色框表示影像中突出的损毁房屋的纹理特征。HOM 和 ASM 表示影像的局部同质性，特征值越大，代表窗口内的同质性越强，从图 5-20 中可以看出，道路和房屋的特征值较大，植被、小路以及阴影的特征值较小，DIS 表示影像的异质性，在影像的边缘处特征值较大，在同质性区域内，影像的亮度值变化较小，因此 HOM 的特征值较小。此外，通过比较 3 种数据源的特征图可以发现，随着影像分辨率的提高，房屋建筑物及其损毁信息得到增强，尤其是房屋损毁部分的细节信息明显增强，这主要是因为损毁部分在纹理特征上比较粗糙，在影像上呈现颗粒状，通过在一定范围内邻域测度的计算，使得小范围的局部特征值增大，各项指标的纹理测度得到增强，从而达到了房屋建筑物损毁细节纹理特征增强的目的。

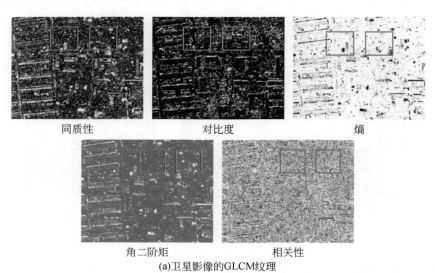

同质性　　　　　　　　对比度　　　　　　　　　熵

角二阶矩　　　　　　相关性
(a)卫星影像的GLCM纹理

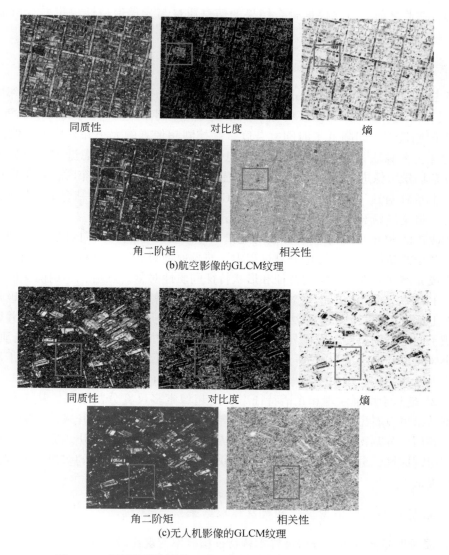

(b)航空影像的GLCM纹理

(c)无人机影像的GLCM纹理

图 5-20　多源遥感数据的 GLCM 全局纹理比较（5×5 移动窗口）

4. 增强后的纹理和光谱特征融合

纹理特征和光谱特征的融合主要采用纹理叠加的方式。对遥感影像全局和局部的 6 个纹理信息以一定权重叠加到的 $La^{*}b^{*}$ 颜色空间进行增强。具体方法主要是将影像第一主成分的空间纹理信息以特定权重增强，然后与 $La^{*}b^{*}$ 颜色空间影像的第一主成分相加，获取多光谱影像增强后的第一主成分，公式为

$$\mathrm{PC}_{\mathrm{enhanced}}^{i} = w \times \mathrm{PCT}_{\mathrm{uav}}^{i} + \mathrm{PC}_{\mathrm{multispectral}}^{i} \tag{5-8}$$

式中，$\mathrm{PC}_{\mathrm{enhanced}}^{i}$ 为增强后的多光谱影像第 i 主成分；$\mathrm{PCT}_{\mathrm{uav}}^{i}$ 为影像第 i 主成分的纹理信息；$\mathrm{PC}_{\mathrm{multispectral}}^{i}$ 为原始的遥感影像第 i 主成分；w 为特定权重；i 为主成分位次，在这里 $i=1$，

以此类推，在此之前，需要根据融合结果的信息质量与光谱保持性决定融合所需的特定权重。

5. 融合光谱纹理图像进行面向对象的超像素分割

传统 SLIC（simple linear iterative clustering）算法是通过度量像素颜色以及邻域之间的空间关系，并依据 K-means 算法将像素点聚类成超像素的过程，与 K-means 算法相比，SLIC 通过限制搜索空间降低了时间复杂度，并控制超像素的大小和紧凑度。然而传统的 SLIC 超像素分割算法只考虑颜色和空间信息，没有将纹理信息考虑进去。当利用该方法对灾后复杂场景影像进行分割时，尤其当房屋有多处损毁、碎屑遍布时，对象块边缘匹配度较差。本章针对这一不足，对传统的 SLIC 算法进行适当改进，结合 La^*b^* 颜色信息、空间信息，将全局局部纹理信息加入超像素分割过程当中。

利用改进的 SLIC 超像素生成算法对光谱纹理融合影像进行面向对象的分割，生成分布均匀、紧凑的超像素，在影像分割过程中，兼顾地物对象的光谱特征、空间特征和形状特征，生成光谱同质性以及空间特征和形状特征同质性对象。然后，利用前文的尺度集模型并结合 FNEA，对生成的超像素进行区域合并。超像素块区域合并的基本思想是基于像素从下向上的区域增长的分割算法，对地物光谱信息同质的对象进行合并，合并后的多个像元都赋予同一类别属性，遵循异质性最小原则。在区域合并的同时进行全局演化分析，依据最小风险贝叶斯决策规则进行基于全局演化分析的尺度集约简，最后再基于局部演化分析进行尺度集约化，进而得到最佳分割尺度（Zhang et al., 2020b）。

图 5-21 是基于增强纹理和光谱特征融合的超像素多尺度分割结果，从 3 种传感器影像的分割结果可以看出，房屋损毁区域的边界与其他地物较好区分开来，特别是对一些损毁的杂乱碎屑，分割得较细，边界清晰，形成数量较多的地物对象块。完好房屋和一些道路等宽阔裸露区域，分割得较为完整，对象块较大，这种不同地物的多尺度分割，利于后续的信息提取。

6. 灾后房屋损毁比值模型的构建及提取结果

（1）损毁房屋样本与完好房屋样本多特征核概率密度比较分析

通过选择完好房屋和损毁房屋的超像素对象样本，构建多特征核概率密度，对比分析房屋样本的特征，从多特征中寻找识别损毁房屋的精准特征，从而进一步依据具体特征构建震后房屋损毁比值模型。房屋损毁比值模型（Zhang et al., 2020c）的构建主要分为 3 个步骤，第一，损毁房屋样本与完好房屋样本多特征核概率密度比较分析；第二，分割结果转为与原影像分辨率相同的栅格数据；第三，构建面向对象的房屋损毁比值 OBDRI（object based damage ratio index）模型。

从图 5-22 损毁房屋样本与完好房屋样本的核概率密度比较中可以看出，在光谱特征、形状特征中，完好房屋和损毁房屋的样本较难区分，纹理特征中的熵和角二阶矩两个特征能够很好地将损毁房屋从复杂场景中区分出来，实现房屋损毁信息的精准提取。熵的大小代表图像中信息含量的多少，熵越大表示影像中含有的信息量越丰富，或是影像中信息分布越不均匀。地震导致的房屋损毁区域，其信息量较大，因此熵也较大；相反，其他正常

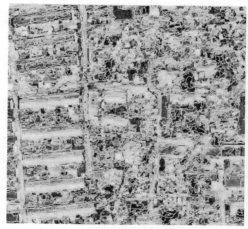

(a)快鸟卫星影像分割结果

(b)航空影像分割结果

(c)无人机航拍影像分割结果

图 5-21 基于增强纹理和光谱特征融合的超像素多尺度分割结果

完好房屋的灰度较为均匀，信息量少，熵也相对较小，因此根据目标区域的熵大小就能对完好与损毁房屋进行较好的区分。

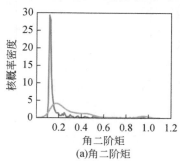

(a)角二阶矩

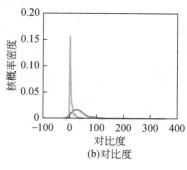

(b)对比度

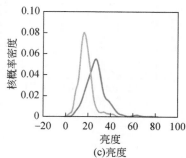

(c)亮度

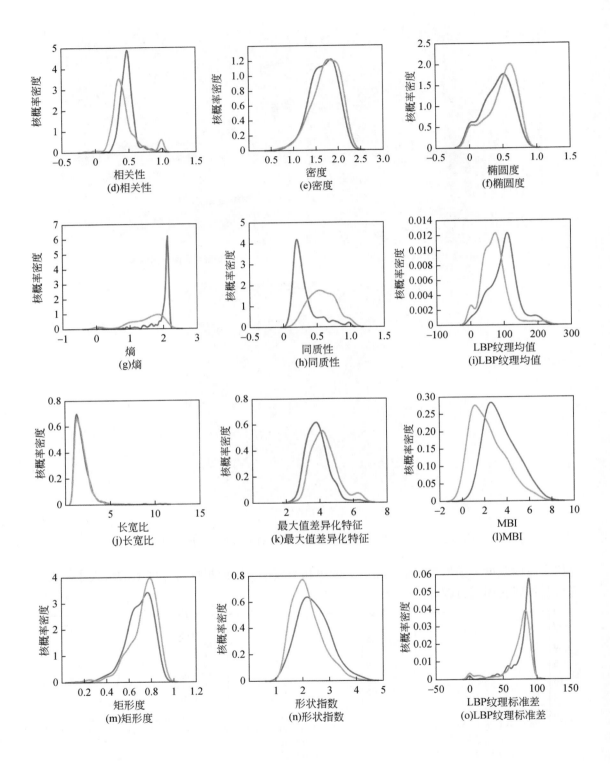

(d)相关性

(e)密度

(f)椭圆度

(g)熵

(h)同质性

(i)LBP纹理均值

(j)长宽比

(k)最大值差异化特征

(l)MBI

(m)矩形度

(n)形状指数

(o)LBP纹理标准差

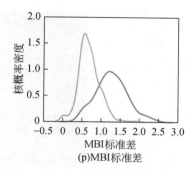

图 5-22　损毁房屋样本与完好房屋样本的核概率密度比较

损毁房屋样本用蓝色曲线表示，完好房屋样本用黄色曲线表示

通过统计样例中大量的感兴趣区（region of interest，ROI）熵得出，当 ROI 中含有损毁房屋时，熵较大，当 ROI 中不含损毁房屋时，分为两种情况，一种为纯道路区域，另一种包含房屋、植被或其他背景信息，纯道路部分的熵较小，基本上不超过 1.8；本书通过阈值方法可以较好地滤除灰度值均匀的路面等背景信息。

角二阶矩是图像灰度分布均匀程度和纹理粗细的一个度量，当图像纹理较细致、灰度分布均匀时，能量值较大，反之，较小。完好房屋的角二阶矩能量值较大，房屋损毁部分由于分布不均匀，纹理粗糙，角二阶矩值较小。

通过对损毁样本中熵和角二阶矩两个指标的分析对比，可以看出这两个指标可以将损毁房屋从复杂的地物背景中区分开来，突出损毁房屋部分的细节和全局特征。本书将根据熵和角二阶矩这两个指标来构建房屋损毁指数模型，达到对灾后损毁房屋快速提取的目的，为应急救援提供基础数据信息。

（2）面向对象的熵和角二阶矩测度栅格表达

通过房屋样本的分析，得出面向对象的熵和角二阶矩特征图像，将特征分割结果转为与原始影像相同分辨率的栅格数据，进行多传感器平台遥感影像特征的栅格表达（图 5-23）。与基于像素特征的影像相比，对于存在大量"同谱异质"和"同质异谱"的地物类别，面向对象的特征表达得到有效的改善，对于损毁信息的精准提取具有重要的作用。

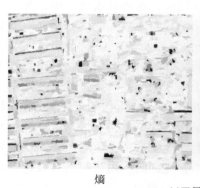

熵　　　　　　　　　　　　　　角二阶矩

(a)卫星影像

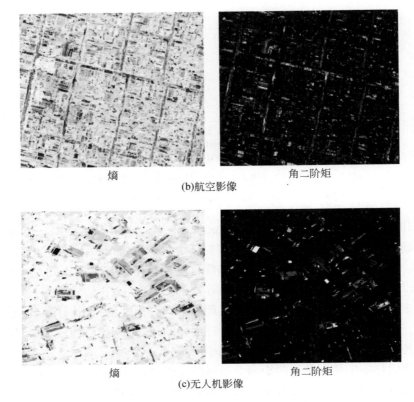

图 5-23　多传感器影像面向对象熵和角二阶矩的栅格表达

从图 5-23 中可以看出，在卫星影像、航空影像以及无人机影像上，损毁的房屋熵特征具有显著差异，且各有特点。随着影像分辨率的提高，灾后大量倒塌房屋纹理更加清晰，废墟以及碎屑的纹理也更加复杂，熵特征图像的亮度值增大，损毁废墟碎屑与完好房屋从复杂的场景中更加清晰地区分开来。从熵特征的基础理论分析也可以发现，影像越清晰，所包含的有用信息越多，熵代表影像中地物信息量的纹理复杂程度，灾后大量房屋受到损坏，损毁后存在大量的瓦砾等废墟，增加了纹理的复杂度。损毁信息比完好房屋、道路等要复杂得多，熵较大，而完好的居民点、道路、水体等纹理简单，对应的熵较小，这与上述损毁样本与完好房屋样本进行统计的结果相印证，熵特征对于损毁信息和完好信息的区分度较好。从图 5-23 中的角二阶矩特征值可以看出，损毁部分的纹理粗糙，灰度分布不均匀，能量值较小，呈现出亮度偏黑，而完好的房屋居民点和道路纹理细致，灰度均匀，纹理较细致，这与灾后的损毁废墟形成了强烈的反差，正好可以利用角二阶矩特征将完好房屋和道路进行滤去，有利于简化下一步损毁模型构建的复杂程度。图 5-23 中 3 种类型的高分辨率遥感数据角二阶矩特征值均呈现出较小的特点，与灾后样例影像中存在大量的损毁碎屑有关，角二阶矩反映影像中地物的能量特征，值的大小表明地物均匀与规则与否的纹理模式。例如，在无人机样例影像中，完好的房屋居民点可以通过角二阶矩特征图清晰地表现出来，损毁碎屑废墟亮度值极小。这种特征反差有利于增强损毁信息细节，对损毁信息精确提取。

（3）面向对象的房屋损毁比值模型构建

通过对房屋熵和角二阶矩分析，为了进一步提取出灾后损毁房屋信息，并且通过上述分析可知，损毁部分熵明显较大，值大的对象块有很大概率是损毁的房屋废墟碎屑等，而未损坏房屋、道路等的角二阶矩较大，灾后完好部分明显比其他部分要亮。我们通过两个纹理测度构建了一个新的指数模型——OBDRI，该指数由变换熵和角二阶矩相除得到

$$OBDRI = \frac{熵(OBEntropy)}{角二阶矩(OBASM)} \tag{5-9}$$

通过 OBDRI 图像（图 5-24）可以看出，损毁房屋部分明显得到了增强，与背景具有较强的区分度，所提取的该指数能够针对多传感器平台将震后房屋损毁信息提取出来。为了使提取结果更加精确和完整，后续我们通过自适应阈值的确定，分离损毁部分。从比值图像中不难看出，损毁部分在 OBDRI 图像中呈现较高的值，大幅增加了损毁区域与非损毁区域对象块灰度值之间的差异性，统计结果表明，OBDRI 在城镇环境下将损毁区域提取出来效果较为稳定。另外，城市房屋居民点在指数图像中的亮度值较大，这与城市建成区中包含的地物种类较多，不仅有裸土，还有树木和水体等有一定关系。

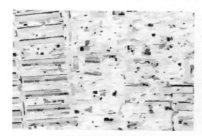 

(a)卫星数据OBDRI图像   (b)航空数据OBDRI图像

(c)无人机数据OBDRI图像

图 5-24 OBDRI 图像

（4）基于回归树的损毁房屋阈值自适应确定

阈值的确定主要通过回归方法得到，首先在对数据集分析的基础上，利用已知的多变量数据构建预测准则，进而根据其他变量值对一个变量进行预测，其中数据集包含了被预测变量数据和相关变量数据。回归树（classification and regression trees，CART）采用的是一种二分递归分割技术，将当前样本分成两个子样本集，使得生成的非叶子节点都有两个分支，是一种典型的二叉决策树（刘方舟等，2011），主要用于分类或者回归。如果待预

测结果是连续型数据，则 CART 生成回归决策树，这种回归决策树的目的是通过二元决策树来建立一套准确的数据分类器，对新的事例进行预测（目标变量为连续变量）。回归树采用基尼指数来选择最优的切分特征，而且每次通过二分来完成，再以局部分段拟合的形式代替全局拟合，达到提高估计精度的目的。

在灾后影像中，分别选择训练样本和测试样本，将训练样本划分为两部分，一部分为测试变量，另一部分为目标变量。将测试变量和目标变量都导入决策树当中，通过循环分析形成二叉决策树。通常情况下，在决策树生成之后，需要采用 C4.5/5.0 决策树进行修剪，否则容易造成目标的过度拟合。C4.5/5.0 决策树是通过指定树的最大层数，叶节点最小样本数，需要调整大量参数才能限制树的过度生长。而本章采用的 CART 树区别在于，等树的节点停止生长之后再利用检验样本对决策树进行剪枝，得出目标变量的预测精度和错分率。再通过设定合适的阈值对树节点进行限制。CART 树模型简单，易于理解，能够自动选择特征，自动确定阈值，使用递归分区方法对训练记录进行分组，在每个节点处选择合适的预测变量，决策树的每个节点处都采用二元分割方式，其中高分辨率遥感影像中的房屋损毁信息即对应目标变量。对于地物多类别的最佳测试变量（分类特征）和分割阈值（特征阈值）的选择，CART 决策树主要使用基尼系数，这也是其一大优势所在，损毁精度得到了保证。其中基尼系数（Gini Index）的定义如下

$$Gini\ Index = 1 - \sum_{j}^{J} p^2(j/h) \tag{5-10}$$

$$p\left(\frac{j}{h}\right) = \frac{n_j(h)}{n(h)} \tag{5-11}$$

$$\sum_{j}^{J} p(j/h) = 1 \tag{5-12}$$

式中，$p(j/h)$ 表示从训练样本集中随机抽取的某一个样本，当特征值为 h 时，该样本属于第 j 类的概率；$n_j(h)$ 表示训练样本中特征值为 h 时，该样本属于第 j 类的样本个数；$n(h)$ 表示训练样本中特征值为 h 时的所有样本个数。

根据上述阈值自适应确定方法，利用 CART 回归树确定文中卫星影像、航空影像以及无人机影像的损毁房屋阈值取值。

（5）房屋损毁信息提取结果

图 5-25 是基于高分辨率多源遥感数据的灾后房屋损毁信息提取结果，图 5-25 中红色部分表示提取的损毁区域。结合实验数据的原始图像我们发现，大部分损毁房屋区域在指数图像中都呈现出较高的亮度值，且每个对象块之间的差异性明显。图 5-25（c）中的航空数据房屋建筑物是最难提取的，因为大部分的损毁房屋信息与周围道路都呈现相似的光谱信息，如果不是辅助数学形态学的纹理，即使肉眼也很难辨别房屋建筑物与复杂背景地物之间的差异。从图 5-25 中提取结果可以看出，本章提出的方法提取的房屋损毁信息成功保留了其块状和细节特征，对卫星影像提取的结果夹杂着一些道路及其周边的空地信息[图 5-25（a）]，这主要是由于一些本属于阴影的像元在多尺度分割中被错分到房屋区域对象块当中，或是一些损毁房屋小斑块被漏分到背景地物当中。因此会对后期模型提取房屋损毁信息产生一定的影响。在图 5-25（e）无人机影像损毁信息提取结果中，除了几栋

完好的房屋保存较为完整，且边界清晰，影像中其他大部分区域均倒塌，变为废墟，有一些面积较小的未受损建筑物夹杂在废墟中间，在图 5-25 中表现为斑块较小的区域。为了客观分析房屋损毁信息的提取效果，我们根据原始影像对损毁部分进行人工目视勾画，勾画时主要考虑到完整性，对面积较小的琐碎部分存在一定的遗漏。对比提取效果可以发现，大块的损毁部分均较好地提取出，很多面积小的废墟或碎屑也被较好地提取出来，有效剔除了一些复杂的植被、道路、裸地等背景地物。

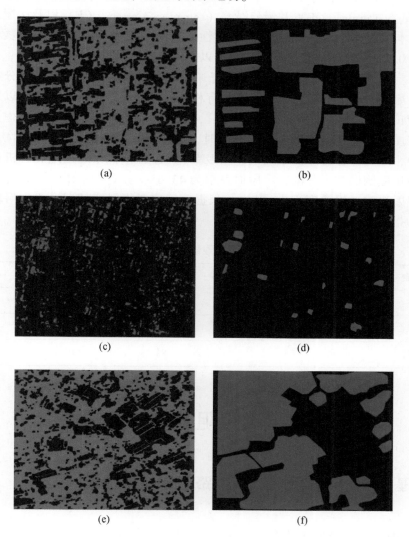

图 5-25　房屋损毁信息提取结果

（a）、（c）、（e）是卫星数据、航空数据以及无人机数据的损毁信息提取结果；（b）、（d）、（f）是房屋
损毁区域的人工目视解译结果（其中红色和蓝色为提取的损毁区域）

　　综上所述，本章提出的新模型可以很好地将大部分灾后房屋损毁信息提取出来，对于房屋分布比较规则的城镇街区，提取的方法对道路和裸地更为敏感，在检测过程中大量被

错分为房屋建筑物的对象块被剔除，为高分辨率影像提取灾后房屋损毁信息提供了一种新的方法思路。

7. 损毁提取结果精度分析

为了对本章提出的新模型进行深入的评估，我们对不同类型影像的提取结果与地面真实情况进行了统计分析，分别计算了 Kappa 系数、总体精度（overall accuracy，OA）、漏分误差（omission errors，OE）和错分误差（commission errors，CE）以及房屋面积的损毁率，来衡量本章所提出模型提取结果的鲁棒性。从表 5-10 中可以看出，实验数据的 Kappa 系数都到达 0.5，且总体精度都达到了 70% 以上，在提取损毁信息的过程中，漏分误差较低，错分误差较高，这主要是因为影像是先通过面向对象的分割，再进行分类提取，当遇到损毁房屋或完好房屋与周边地物之间有相似的光谱和纹理信息时，难以对这些小的对象块进行正确的分割。对于本章模型而言，房屋特有特征应该被更多考虑进来，从而能够使得房屋损毁信息提取更加精准。同时，通过房屋损毁的面积计算出房屋损毁率，卫星影像中，绝大部分房屋倒塌损毁，损毁率达 81.25%；在海地地震的机载航空影像中，街区中房屋倒塌较为分散，房屋损毁率为 43.65%；对于书中无人机样例影像，大部分房屋损毁严重，损毁率为 75.80%，根据区域房屋损毁率情况，为灾后救援和评估提供有效的指导。

表 5-10　房屋损毁信息提取结果分析

传感器平台	OE/%	CE/%	OA/%	Kappa 系数	损毁率/%
卫星影像	16.53	32	76.75	0.58	81.25
航空影像	20.45	25	75.35	0.49	43.65
无人机影像	25.30	29	83.25	0.61	75.80

5.2　主干道路阻断信息快速提取

5.2.1　基于图像分类 CNN 的道路阻断信息提取

1. 改进的卷积神经网络结构

经典卷积神经网络（convolutional neural networks，CNN）结构的分析是适用于道路阻断信息提取的 CNN 模型的基础。首先，对经典网络结构在道路阻断信息提取中的适用性进行了测试和分析。在早期实验中，主要使用较小的 LeNET 型卷积神经网络。在后期实验中，随着灾害案例和灾害类型的增加，较小的 CNN 结构不足以处理复杂的道路分类。因此，我们尝试了更复杂的模型结构，如 Inception V3（Szegedy and Vanhoucke，2016）、

Xception（Chollet，2017）和 InceptionResNet V2（Szegedy and Ioffe，2017）等网络结构都取得了良好的成绩。不同的 CNN 结构在 ImageNet 分类数据集上的成绩对比如表5-11所示。

表 5-11 不同的 CNN 结构在 ImageNet 分类数据集上的成绩对比

模型	大小/MB	Top1 准确率	Top5 准确率	参数数目	深度
Xception	88	0.790	0.945	22 910 480	126
VGG16	528	0.715	0.901	138 357 544	23
VGG19	549	0.727	0.910	143 667 240	26
ResNet50	99	0.759	0.929	25 636 712	168
Inception V3	92	0.788	0.944	23 851 784	159
InceptionResNet V2	215	0.804	0.953	55 873 736	572
MobileNet	17	0.665	0.871	4 253 864	88

（1）LeNET 型卷积神经网络

LeNET 型卷积神经网络只有几层，每层中没有多少过滤器。之所以选择这种结构，是因为考虑到分类目标是阻断道路和完整道路，与使用大型神经网络（如 VGG16）时面临的分类问题相比，是一个相对简单的分类问题。此外，LeNET 型模型在训练时间和检测时间上具有更多优势，能够满足灾害应急监测的时间紧迫性。图 5-26 展示的是 LeNET 型卷积神经网络模型的基本结构，该模型有 3 个卷积层和 2 个全连接层。在每个卷积层之后，有激活函数层和最大池化层（MaxPooling）。激活函数使用线性整流函数（rectified linear unit，ReLU）。卷积核的大小是 3×3。前两层使用 32 个卷积核，第三层使用 64 个卷积核。池化核的大小为 2×2。

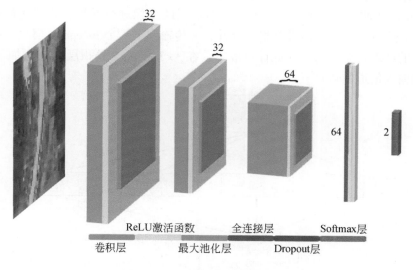

图 5-26 卷积神经网络结构示意

模型中加入了一个随机失活（Dropout）层来处理可能的过拟合（overfitting）现象。Dropout 层的作用是在每一轮的训练网络中按照一定比例随机选择一些神经元，使被选中的神经元的权重在这一轮训练中不会发生变化，以防止出现过拟合现象（Krizhevsky et al., 2012）。

（2）Inception V3 卷积神经网络

Google 的开源 CNN 模型 Inception 到目前为止已经公开了四个版本。每个版本都是根据 ImageNet 大型图像数据库中的数据进行训练的。基本的图像分类任务可以使用 Google 的 Inception 模型来完成。Inception 网络是 CNN 分类器历史上的一个重要里程碑。在 Inception 出现之前，大多数流行的 CNN 结构都是通过堆叠更多的卷积层来升级的，使得网络结构越来越深，以期获得更好的网络性能。例如，AlexNet 的本质就是在扩展 LeNET 的深度，并增加一些技巧应用，如 ReLU 激活和 Dropout 层等。AlexNet 有 5 个卷积层和 3 个最大池化层，分为上下两个相同的分支。这两个分支可以在第三卷积层和全连接层上相互交换信息。

在 Inception 提出的同年，还有优秀网络 VGG-Net 的提出，其相比于 AlexNet 有更小的卷积核和更深的层级。VGG-Net 具有很好的泛化性能，通常用于图像特征提取和目标检测候选框生成等。但 VGG-Net 最大的问题为参数的数量，VGG19 是一种参数较多的卷积网络结构。这个问题也是第一次提出 Inception 结构的 GoogLeNet 所重点关注的。它不像 VGG-Net 那样大量地使用全连接网络，因此参数量非常小。

GoogLeNet 和 Inception 网络的每个版本的最大特点和共同点是都使用了 Inception 模块。其目的是设计一个具有良好局部拓扑结构的网络，即对输入图像并行地执行多个卷积运算或池化运算，并将输出结果拼接成一个非常深的特征图。由于不同的卷积运算和池化操作（1×1、3×3 或 5×5）可以获得输入图像的不同尺度的信息，因此并行处理这些运算并结合所有结果将获得更好的图像表征。图 5-27 显示了原始的 Inception 模块。它使用了 3 个不同大小的滤波器（1×1、3×3、5×5）对输入的图像进行卷积，此外还包括一个 3×3 最大池操作。所有子层的输出最终将被合并，并传输到下一个 Inception 模块。深度神经网络需要大量的计算资源。为了降低计算成本，在 3×3 和 5×5 卷积层之前增加了 1×1 卷积层，以限制输入信道的数量。

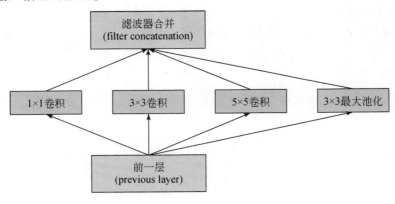

图 5-27　原始 Inception 模块

Inception 网络的不断演变产生了许多不同版本的 Inception 网络结构。常见的版本包括 Inception V1、Inception V2、Inception V3、Inception V4 和 Inception-ResNet 等。其每个版本都是由前一个版本的迭代进化而来的。

Inception V2 首先将 5×5 的卷积分解为 3×3 的两个卷积运算，以提高计算速度。其次将 $n{\times}n$ 的卷积核分解为 1×n 和 n×1 的两个卷积核。例如，3×3 的卷积相当于先执行一个 1×3 的卷积，然后执行一个 3×1 的卷积。最后 Inception 模块中的滤波器组的宽度得到了扩展，以解决表征性能的瓶颈。如果 Inception 模块不是扩展宽度，而是扩展深度，那么会因维度减少太多而导致信息丢失。

Inception V3 综合了 Inception V2 中涉及的所有升级，还使用了 RMSProp 优化器、Factorized 7×7 卷积、BatchNorm 辅助分类器和标签平滑（一种添加到损失函数的正则化项，阻止网络对某一类别过分自信，即阻止过拟合）等技术。Inception V3 的网络结构如图 5-28 所示。

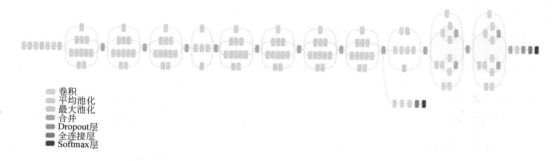

卷积
平均池化
最大池化
合并
Dropout层
全连接层
Softmax层

图 5-28　Inception V3 的网络结构

（3）Xception 卷积神经网络

Xception 是对 Inception V3 的一种改进，由 Google 团队提出。其主要采用 Bottleneck 结构和 Depthwise Separable Convolution 结构来替换原来 Inception V3 中的卷积操作，较 Inception V3 网络结构减少参数数量明显。

Bottleneck 首先使用了 PW（Convolution Pointwise，俗称 1×1 卷积，主要用于数据降维和减少参数数量）进行数据降维，然后进行常规卷积核的卷积，最后对数据进行升维。传统的卷积结构和 Bottleneck 结构的对比如图 5-29 所示。

Bottleneck 的核心思想仍是将一个大卷积核替换为多个小卷积核，用 1×1 卷积核代替大卷积核的部分功能。然而，在使用 Bottleneck 结构后，参数的数量仍然很大，因而随后出现了 Depthwise Separable Convolution 结构，并被 Google 团队成功应用于 Xception 和 MobileNet 网络中。在这种结构中，每个特征图被分别进行卷积然后融合。该步骤是先进行 Depthwise Convolution，然后进行 Pointwise Convolution，这样可以大大减少参数数量。图 5-30 是 Depthwise Separable Convolution 结构的设计。

在 Inception 到 Exception 的发展过程中，网络结构更加精致，设计理念不断创新：采用多个不同大小的卷积核，提高对不同尺度特征的适应性；PW 在降低或增加维数的同时提高了网络的表达能力；采用 Bottleneck 结构和 Depthwise Separable Convolution 结构用多个

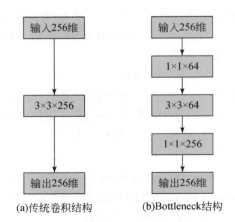

图 5-29　传统的卷积结构和 Bottleneck 结构的对比

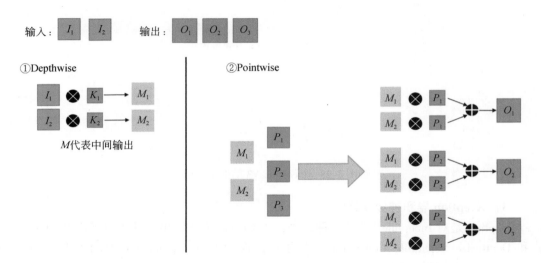

图 5-30　Depthwise Separable Convolution 结构的设计

小尺寸卷积核代替大卷积核，大大减少了网络参数的数量。

（4）InceptionResNet V2 卷积神经网络

InceptionResNet V2 也是由 Inception V3 模型变化发展而来的网络结构，也是由 Google 团队发布的。它在 ILSVRC 的图像分类基准中取得了当时最好的结果（Szegedy and Ioffe，2017）。模型中的一些设计思想借鉴了微软团队的残差网络（ResNet）模型。

ResNet 模型中最重要的创新是残差连接（residual connections）的提出，它允许在模式中存在捷径（Shortcuts），其功能是使更深层次的神经网络得到训练，从而获得更好的性能，并大大简化 Inception 模块。图 5-31 为 InceptionResNet V2 卷积神经网络结构。

InceptionResNet V2 网络比 Inception 以前的 Inception V3 还要深。图 5-31 中主要部分重复的残差连接结构已被压缩，从而有更直观的网络结构。网络中的 Inception 模块已被简化，并行塔（Parallel Towers）的数量少于 Inception V3。

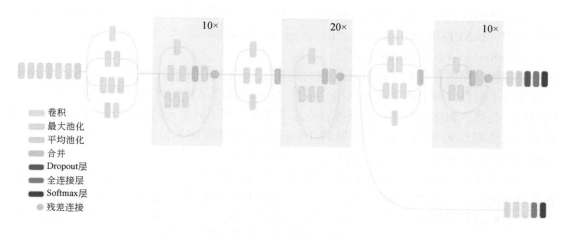

图 5-31　InceptionResNet V2 卷积神经网络结构

　　在对几种经典卷积神经网络模型进行结构分析的基础上，对卷积神经网络的结构进行了改进。现有的卷积神经网络算法在结构上更适合于多目标图像分类，为了更好地将其应用于道路阻断信息的提取，有必要在卷积神经网络中添加新的特征提取层，并调整具体的参数设置，以提高使用 CNN 模型进行道路阻断检测的精度。

　　阻断道路检测问题中，完整道路的类型多种多样，主要包括城市道路、山路和受植被阴影遮挡的道路等。不同类型的完整道路具有不同的图像特征，卷积后得到的卷积特征也有很大差异。为使 CNN 模型能够有效地对具有不同卷积特征的道路进行类别划分，需要在现有模型的基础上增加一个完整的连接层，以提高模型的拟合能力和泛化能力。

　　具体的改进方法如下：首先删除原网络结构中最后的全连接输出层，在最后一层卷积特征层后面增加一个全局平均池化层（GlobalAveragePooling2D）；然后添加三层神经元节点个数逐渐减小的全连接层（Dense 层）和一层系数为 0.5 的随机失活层（Dropout 层），其中全连接层均采用 ReLU 作为激活函数；最终输出层采用全连接层（Dense 层），节点个数设置为 2，对应"完整道路"和"阻断道路"，输出层激活函数采用规一化指数函数（Softmax）。具体参数设置如表 5-12 所示。其中，参数为 CNN 训练过程中自动学习的神经元权重；超参数是在训练过程开始前需要设置的变量，用于构建不同类型的网络层。

表 5-12　改进 CNN 模型时添加层的参数设置

层类型	函数类型	参数
全局平均池化层	GlobalAveragePooling2D	—
全连接层	Dense	1024，activation = 'ReLU'
全连接层	Dense	256，activation = 'ReLU'
全连接层	Dense	64，activation = 'ReLU'
随机失活层	Dropout	0.5
输出层	Dense	2，activation = 'Softmax'

对经典的卷积神经网络结构分别进行上述更改，为了便于分别，更改后的网络结构分别命名为"LeNET-RoadBlockage""Inception V3-RoadBlockage""Xception-RoadBlockage""InceptionResNet V2-RoadBlockage"。

卷积神经网络有许多可以直接调用的特定工具包。采用基于 TensorFlow 的底层 Keras 深度学习上层设计框架构建神经网络。借助 ArcGIS 软件平台的二次开发实现地理信息空间分析。此外，训练过程还在云服务器进行了实现，利用阿里云的机器学习平台 PAI 等云端开放式机器学习平台上已经部署的 TensorFlow 开源深度学习框架，实现了基于显卡（graphics processing unit，GPU）的并行分布式网络训练。

灾难发生前，需要利用现有的道路阻断图像分类样本数据库完成 CNN 的训练，以便在灾难发生后第一时间利用训练过的 CNN 完成道路阻断信息的提取。CNN 的训练是一个参数优化的过程，以最大限度地减少训练数据集上的预测结果和真值标签之间的误差。CNN 将每个输入的块从原始像素值转换为最终的分类隶属度结果：利用参数计算前向传播过程中的特征。在误差反向传播过程中，根据损失函数的梯度下降方向调整参数。

在 CNN 的每次训练中，已完成的样本库中 80% 的样本用作训练样本，20% 的样本用作神经网络训练的验证样本。神经网络训练过程中的重要参数包括轮次数（epoch），每轮次输入数据步数（steps_per_epoch）和每步数据量的大小（batch_size，也被称作批尺寸）。一般全部训练样本完成一轮输入网络训练的遍历称为一个轮次，epoch 决定了全部训练样本要通过多少个轮次的网络训练遍历。每个轮次后用验证样本对当前网络的精度进行验证，以调整相应的训练参数。steps_per_epoch 和 batch_size 与训练样本个数的多少密切相关。一般会让 batch_size 和 steps_per_epoch 之积等于或大于训练样本的个数，以此更充分地利用样本库中的样本，也就是保证一个 epoch 内，全部的训练样本可以有机会完整遍历一次。batch_size 是 CNN 训练过程中的一个重要参数，代表每一步训练中同时输入 batch_size 个样本，通过计算它们的平均损失函数值来更新网络参数，即每一步训练结束后网络中神经节点权重的调整方向和调整大小是 batch_size 个样本的平均作用结果。batch_size 的大小影响模型的优化程度和速度，batch_size 过小则网络可能出现难以收敛的情况，但 batch_size 的规模取决于网络规模和显存大小，因此有必要在显卡显存允许的情况下，将模型大小设置为尽可能大的值。实验中使用的 NVIDIA GTX1070 显卡的显存大小为 8G，足以支持一般常见的网络需要的 batch_size 的大小。

需要注意的是，验证过程中步数（validation_steps）通常是验证样本个数和 batch_size 计算出的步数的一半，也就是说，每次验证过程仅随机选择所有验证样本数量的一半使用。当有足够的验证样本时这是合理的，因为验证过程并不会真正地调整网络的参数。适当减少样本数可以出节省训练的时间。

在实验中，使用 Keras 库下的 callbacks. TensorBoard 函数，对网络的训练情况进行可视化的实时监视。一次较好的神经网络训练过程中的损失函数下降收敛过程如图 5-32 所示。从图 5-32 中可以看出，训练集损失函数（loss）平稳下降，验证集损失函数（val_loss）平稳下降并趋于收敛。如果没有这种收敛现象，则表明神经网络不收敛或过拟合，需要通过调整网络结构、调整训练参数、增加训练样本等方法来处理。

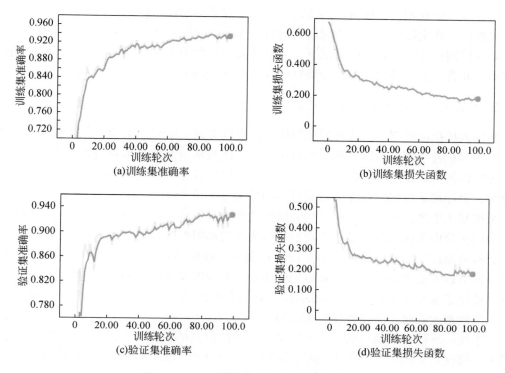

图 5-32　CNN 训练过程损失函数收敛情况

在神经网络模型的训练过程中，经常会面临过拟合的问题。所谓过拟合，是指模型对训练集样本的分类效果很好，而对验证集样本或未训练过的数据集中的样本的分类效果并不好。出现过拟合现象表明该网络的泛化能力较弱，难以推广应用于未经训练的新数据集的样本分类。随机扰乱数据的相关性，可以在一定程度上缓解过拟合问题，使得网络能够应对更加复杂多变的数据环境，方法包括在样本数据库建设阶段进行数据增强操作和在网络设计阶段增加 Dropout 层等。训练中，可以通过设置提前终止训练的功能来处理过拟合现象。其原理是监测验证损失函数的下降状况。当损失函数出现多个 epoch 不再下降或者开始上升时，就提前结束网络的训练过程。具体设置可使用 Keras 库中的 callbacks. EarlyStopping 函数完成。

卷积神经网络具有良好的网络模型复用能力（也称为网络迁移学习能力）。可以在训练完成的已有模型的基础上，重新加载各个神经元节点的权重参数，并在新的数据集上再次进行网络训练，这种操作通常被称为网络微调（fine-tuning），是实际工程中常用的训练方法。通常，当网络经过前期训练后，只需使用少量样本和少量的几个轮次训练，就可以获得较低的损失函数值以及较高的分类精度。由于网络参数调整范围小，网络微调所需的训练时间比前期的训练时间大大缩短。在灾害应急监测过程中，使用现有道路阻断图像分类样本库训练的神经网络模型检测精度不能完全满足应用要求且时间允许时，可在灾区选择少量样本，并重新加载神经网络参数进行网络微调，从而达到更高的道路阻断检测精度。对于道路阻断检测问题，网络微调可以使模型更适合不同灾区的不同情况，降低网络训练的难度，使卷积神经网络的训练也可以在配置受限的计算机上进行，有利于该方法的应用和推广。在实际应用中，当时间紧迫时，训练好的神经网络模型可以直接用于灾区道路阻断的检测；在时间允许的情况下，可以从灾后影像中选择少量的阻断道路和完整的道路样本，并将其引入神经网络进行调整训练（网络微调），使检测结果更加准确可靠。

2. 灾区灾后道路阻断多点检测方法

要深入挖掘深度学习方法在遥感影像信息提取方向上的应用潜力，除了对用于图像目标分类的卷积神经网络进行转换和参数调整外，还需从检测算法本身进行改进，使高分辨率遥感图像提取道路阻断信息的过程得以升级，以便将卷积神经网络应用于自然场景图像的分类，更好地适应遥感图像上特定目标物体的分类任务。

采用基于沿道路矢量分段的道路完整性检测方法提取道路阻断信息。在完成网络训练后，利用实验中灾区道路矢量作为指导进行灾区道路阻断的检测。首先，等距分割矢量道路得到检测路段。然后，将路段中点设为检测点，以检测点为中心，以一定大小为半径，将符合网络输入要求的灾区图像截取到网络中，并获取其对完整道路的隶属度。最后，将完整的道路隶属度（degree of membership，DoM）检测结果分配到相应的检测点或检测段，以点或线的形式获得道路完整性检测结果。

本书统一采用自然断点法，将灾区道路完整性检测结果分为 5 级。将道路完整性检测结果中隶属度最低的两级检测点判断为阻断点，对应的检测道路段判断为阻断道路段，以便进行后续的精度验证工作。

基于道路阻断分段检测方法，对其关键步骤进行了改进：在灾害紧急的情况下，如果遥感图像没有进行严格的几何精纠正，图像上的道路矢量和道路位置可能会有偏差，这也会导致道路目标完整性检测结果的误差。针对这种情况，以沿道路分布检测点为基础，提出了一种在沿道路矢量方向的垂直法线方向上增加检测点的改进方法，简称多点检测法，即在原检测点的左右两侧一定距离处增加检测点，最后取五个点中完整道路隶属度的最大值作为原检测点的检测结果。这种方法有效地提高了道路阻断检测的精度。多点检测法示意如图 5-33 所示。

基于 CNN 方法的道路阻断信息提取完整技术流程如下。

首先使用灾害典型案例影像构建道路阻断图像分类样本库，以提供训练样本 S_0，进行卷积神经网络的训练，得到初始卷积神经网络模型 CNNmodel0

$$CNNmodel0 = Train(S_0) \tag{5-13}$$

在获取研究区 x 的灾后影像 $I(x)$ 和道路矢量 $R(x)$ 之后，按照如下技术流程对道路阻断情况进行检测。

对于道路矢量 $R(x)$，沿道路矢量以一定距离间隔（20m）进行分割得到检测路段，并将路段中点作为检测点，从而得到道路检测点 $P_n(x)$

$$P_n(x) = GenPoi(R(x)) \tag{5-14}$$

式中，n 为样本点的个数。

对于影像 $I(x)$ 进行特征提取，构建特征数据集，得到特征图层 $F_m(x)$，m 为选择的特征个数，一般情况下，特征图层选择遥感影像的 R、G、B 三个波段

$$F_m(x) = \text{FeaExt}(I(x)) \tag{5-15}$$

对于道路检测点$P_n(x)$，生成一定距离（50m）的缓冲区，取缓冲区的外接矩形对特征数据集$F_m(x)$进行切割，得到待检测样本$D_n(x)$

$$D_n(x) = \text{Clip}(F_m(x), \text{Rectangle}(\text{Buffer}(P_n(x)))) \tag{5-16}$$

利用训练好的网络CNNmodel0，以及所提出的多点检测法对待检测样本$D_n(x)$进行沿道路矢量方向的垂直法线方向增加检测点的多点道路阻断检测

$$\text{CNNresult}_n(x) = \text{Test}(\text{CNNmodel0}, D_n(x)) \tag{5-17}$$

对于分类结果采用无人机影像的调查结果或实地调查结果进行精度验证，如果检测精度满足要求则停止训练，否则进行网络微调：对研究区影像进行人工目视解译，道路解译结果分为阻断道路和完整道路两类。从中选择少量道路段生成新的训练样本数据S_1，对已有网络进行网络微调，得到微调后的网络模型CNNmodel1

$$\text{CNNmodel1} = \text{Retrain}(\text{CNNmodel0}, S_1) \tag{5-18}$$

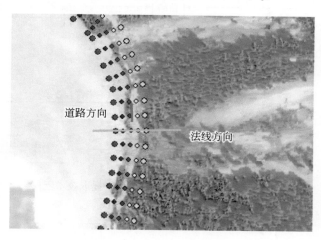

图 5-33　多点检测法示意

重复道路阻断分类检测工作，直到检测结果达到精度要求。具体技术流程如图 5-34所示。

3. 卷积神经网络的优化效果

（1）不同结构卷积神经网络的应用效果对比

对于前文中不同类型的卷积神经网络结构，采用相同的道路阻断图像分类样本库（样本库中80%的样本用作训练集，20%的样本用作验证集）使用相同的训练相关参数（batch_size 设置为50，epoch 设置为100，损失函数选择 categorical_crossentropy，精度评价函数选择 categorical_accuracy）进行了网络训练，TensorBoard 在训练过程中的监测结果如图 5-35 所示。图 5-35 中的横坐标是训练轮次数（epoch）。纵坐标是训练集准确率（categorical_accuracy）、训练集损失函数（loss）、验证集准确率（val_categorical_accuracy）和验证集损失函数（val_loss）。

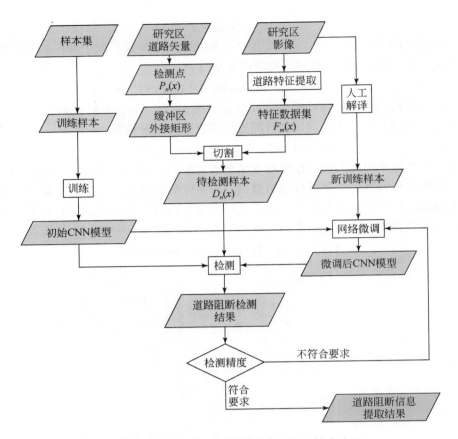

图 5-34　基于 CNN 的道路阻断信息提取技术流程

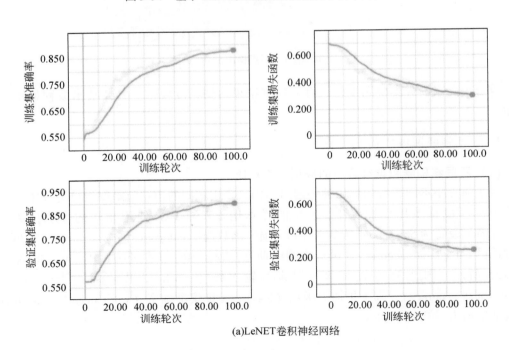

(a)LeNET卷积神经网络

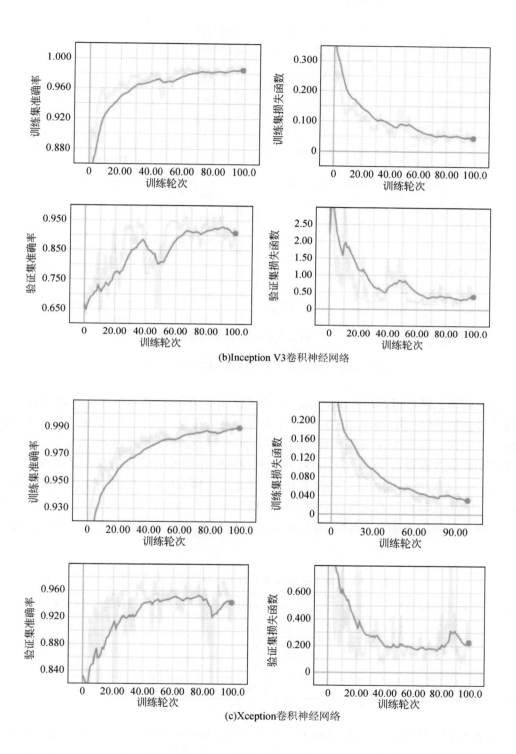

(b)Inception V3卷积神经网络

(c)Xception卷积神经网络

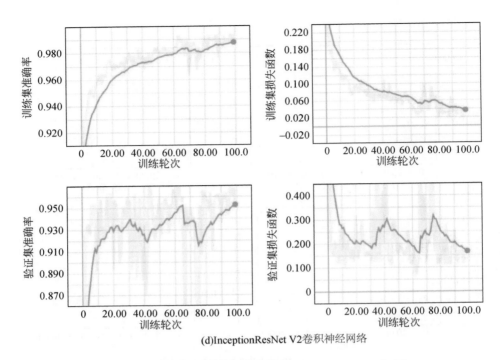

(d)InceptionResNet V2卷积神经网络

图 5-35　不同类型的卷积神经网络结构的训练过程监视图

由监测图的结果可得出，Inception V3 卷积神经网络在收敛过程中，验证集损失函数出现了轻微的震荡，InceptionResNet V2 卷积神经网络在收敛过程中，验证集损失函数出现了较大的震荡，而 LeNET 卷积神经网络和 Xception 卷积神经网络的训练过程中，验证集损失函数的收敛过程较为平缓。Xception 卷积神经网络在训练的最后出现了轻微的过拟合现象（val_loss 在训练后期出现了几次抬升），因此，选择 val_loss 最低的轮次训练后所生成的模型（而不是最后一轮次训练后所生成的模型）作为最终训练模型来应对过拟合问题。为更清晰地说明训练结果，各模型的 val_loss 最低值及其出现时对应的训练轮次如表 5-13 所示。

表 5-13　val_loss 最低值及其出现时对应的训练轮次

卷积神经网络类型	val_loss 最低值	出现时的训练轮次
LeNET	0.2273	89
Inception V3	0.1202	86
Xception	0.0652	95
InceptionResNet V2	0.0686	63

由表 5-13 中的结果可知，Xception 和 InceptionResNet V2 可以收敛到更低的 val_loss 值，InceptionResNet V2 的 epoch 中达到最低值的较少。根据训练过程监视图和 val_loss 最低值综合分析，Xception 卷积神经网络具有最低的 val_loss 值和较为平稳的训练收敛过程。

在灾害应急监测的应用中，卷积神经网络不仅需要注意信息提取的准确率，还需要关心数据处理的效率。记录并比较上述不同类型的经典卷积神经网络结构训练中的时间消耗，如图 5-36 所示。

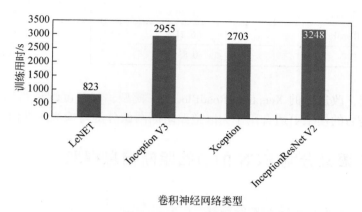

图 5-36　不同类型的卷积神经网络结构的训练用时

从图 5-36 可以看出，卷积神经网络的训练时间和网络规模大小密切相关。在 Inception V3、Xception 和 InceptionResNet V2 三种结构复杂的网络中，Xception 具有较高的计算效率。

对网络分类精度和运行效率的综合分析表明，Xception 卷积神经网络的性能指标更适合灾区道路阻断图像分类和检测的实际情况。

（2）卷积神经网络的结构改进效果

在选定 Xception 作为基本网络结构的基础上，参考前文所提出的改进方法，对 Xception 网络结构进行了改进，得到了更为适合道路阻断图像分类的 CNN 结构。其相应的模型被称为 Xception-RoadBlockage 网络模型。改进后的 Xception-RoadBlockage 模型和 Xception 模型在相同道路阻断图像分类样本库中的 ROC 结果对比如图 5-37 所示，精度评估结果对比如表 5-14 所示。

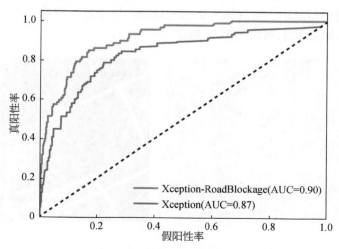

图 5-37　Xception 模型改进前后的 ROC 对比

表 5-14　**Xception** 模型改进前后的精度对比

精度评价指标	道路阻断检测模型	
	Xception	Xception-RoadBlockage
精确率（Precision）	81.30%	86.78%
召回率（Recall）	86.21%	88.98%
F1 指数	0.8368	0.8791

经对比表明，改进后的 Xception-RoadBlockage 模型，其精度评价指标优于原 Xception 模型，因而改进后的模型更适合用于灾区道路阻断图像分类与检测的具体问题。

5.2.2　基于语义分割 FCN 的道路阻断信息提取

1. 样本矢量化方法和样本库的构建

（1）样本的矢量化

与 CNN 模型相同，全卷积网络（fully convolutional networks，FCN）模型的训练也需要大量的样本，所不同的是生成 FCN 模型训练所需的样本需要首先对影像上的道路进行矢量化。矢量化道路样本边界时尽量克服树木和阴影遮挡的影响，以帮助 CNN 更好地区分树木和阴影对道路的遮挡和真实的道路阻断之间的差异，以应对阴影、树木遮挡造成的影像道路特征减弱和非阻断道路的误判。在对道路路面进行矢量化后，将道路面矢量转为栅格图像，即道路目标图像，用于 FCN 模型训练的影像道路矢量化结果如图 5-38 所示。

实验中设计了一种沿道路矢量方向对影像进行等间隔分块生成训练样本的方法。编写了用于生成训练样本的算法程序，用于构建道路阻断图像语义分割样本库。首先，在已有道路矢量上按照等距离原则分布样点，距离间隔设置为 100m；然后，以样点为圆心生成圆形缓冲区，缓冲区半径设置为 160m，以缓冲区的外接矩形为边界对影像特征数据集和道路目标图像同时进行截取，得到样本影像和对应的样本目标图像。道路路面语义分割样本生成方法和样本结果的示例如图 5-39 所示。

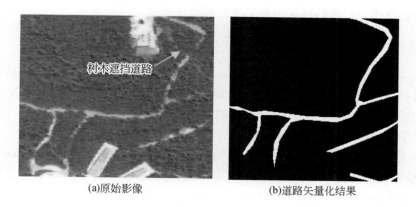

(a)原始影像 (b)道路矢量化结果

图 5-38 影像道路的矢量化结果

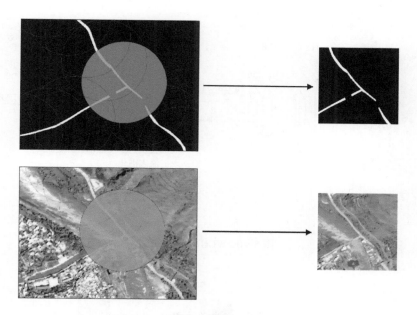

图 5-39 样本生成方法和结果示意

（2） 样本的数据增强和标准化

进行网络训练之前同样对样本库中的样本进行了翻转和旋转等操作，以增加样本量，实现数据增强。研究中使用了 Google 公司推出的深度学习主流框架 TensorFlow，其实现数据增强的具体操作如下：利用 TensorFlow 中的 Keras. ImageDataGenerator 方法对样本库进行增量操作，对样本进行随机的旋转，同时，允许对样本进行水平和竖直翻转。道路阻断信息提取的 FCN 方法与 CNN 方法在数据增强方面的不同点在于，要对原始影像和矢量化后的道路目标图像进行同样的增量操作，以保证原始影像和目标图像的对应性。

同时，采用逐图层标准化的方法对样本库进行了标准化，取得了较好的精度提升效果。本书使用经典的机器学习工具库 Sklearn 下的 preprocessing. scale 方法实现了对原始数据各图层的均值和标准差进行标准化的操作。道路阻断信息提取的 FCN 方法只对遥感影像进行标准化操作，对道路目标图像不进行标准化操作。

2. 改进的全卷积神经网络结构

VGG16_FCN8s、U-Net、HED（holistically-nested edge detection）等经典的全卷积神经网络结构等被广泛应用于图像语义分割领域。本书以此三种网络结构为 FCN 模型改进的基础，提出适用于灾后未损毁路面语义分割的 FCN 模型。

（1）VGG16_FCN8s 全卷积神经网络

VGG16 是经典的卷积神经网络结构，VGG16 模型结构如图 5-40 所示。VGG16_FCN8s 在 VGG16 模型结构的基础上，将全连接层改为上卷积层，以符合图像语义分割任务要求（Shelhamer and Long，2017），如图 5-41 所示。

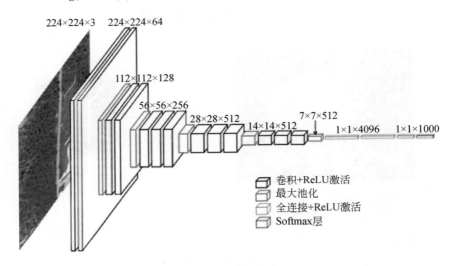

图 5-40　VGG16 模型结构

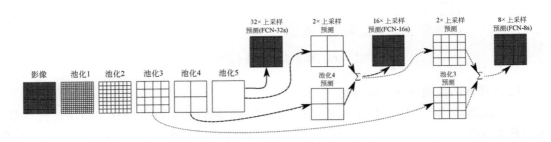

图 5-41　VGG16_FCN8s 模型结构

（2）U-Net 全卷积神经网络

U-Net 结构广泛应用于图像分类研究和工程。U-Net 使用了一种直接的连接方法：把上层网络输出与下层的上采样的结果直接进行连接，以期望能够更好地利用上层网络的输出，利用与低层次特征映射的组合来构建高层次复杂特征，以实现精确的图像语义分割（Ronneberger and Fischer，2015）。U-Net 因其网络结构图形似 U 形而得名，其具体结构如

图 5-42 所示。

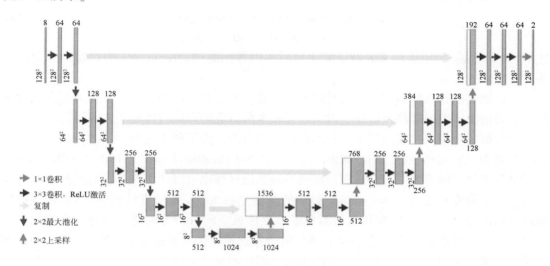

图 5-42　U-Net 网络结构

（3）HED 全卷积神经网络

HED 网络结构在几个细节的设计上很适合用于道路路面检测和分割。首先，HED 最初是为边缘检测而设计的，因此在设计之初，该网络的特征是一个纯二进制分类问题，不需要强大的语义信息，但需要很好地识别边缘的位置。因此，该网络结构对道路识别具有良好的适用性。其次，HED 网络的设计理念是期望网络中的每一层输出有用的信息，然后通过系统综合（Ensemble）将几层的输出结合起来。网络中的浅层网络用于识别物体的边缘轮廓，而深层网络包含一个较大的感知域，因此更利于识别物体类别等语义信息（Xie and Tu，2017）。

在针对道路的遥感图像语义分割中，道路作为唯一的正样本，在图像中呈线性分布，在图像范围内占据相对较少的像素。而大多数地物（如水、植被等）作为负样本，在图像中呈面状分布，与道路相比，在相同图像范围内占据相对更多的像素。因此，在构建以语义分割为目标的全卷积神经网络时，必须考虑这种情况的影响。HED 网络结构在图像边缘提取任务中面临类似的问题，即在一幅图像中，大量像素是非边缘，而边缘像素的总数相对较少。因此，借鉴 HED 网络结构损失函数的设计思想，改进了用于道路语义分割的全卷积神经网络结构的损失函数。

一般来说，交叉熵（cross entropy）经常被用作整个卷积神经网络的损失函数，但在计算交叉熵的过程中，图像上不同类别像素的权重是相同的，当未改进的全卷积神经网络直接应用于道路语义分割问题时，大量正确分类的负样本，使得结果的总体交叉熵较低，当仍有许多未正确分类的道路的正样本时，网络显示出梯度消失的状态。也就是说，当交叉熵很低时，道路正样本的分类精度仍然不高，无法继续提高。

为了解决影像上道路像元和非道路像元数量不平衡所带来的问题，对 FCN 模型的损失函数进行改进，引入了一个类间平衡系数 β，用来计算交叉熵的正样本权重 Pos_W，进而输入附带权重的交叉熵函数（weighted_cross_entropy_with_logits）中作为网络的损失函

数，其具体计算公式如下所示

$$\beta = count\_neg/(count\_neg + count\_pos) \qquad (5\text{-}19)$$

$$Pos\_W = \beta/(1-\beta) \qquad (5\text{-}20)$$

式中，count_neg 为影像语义分割结果中负样本的像元总数；count_pos 为影像语义分割结果中正样本的像元总数。

和传统的损失函数相比，引入类间平衡系数 β 并计算相应的交叉熵正样本权重 Pos_W 后，有效解决了因为道路在影像上占据像元较少所造成的训练时梯度消失的问题。

对经典的全卷积神经网络结构分别进行上述改进，为了便于区分，改进后的网络结构分别命名为 "VGG16_FCN8s-RoadBlockage" "U-Net-RoadBlockage" "HED-RoadBlockage"。

与卷积神经网络类似，全卷积神经网络的实施过程也可以使用许多现有的软件和开发工具包。本研究采用基于 TensorFlow 底层的深度学习 Keras 上层设计框架构建神经网络。通过 ArcGIS 软件平台的二次开发，实现了地理信息空间分析等功能。此外，训练流程还可以在云服务器部署实施，基于 GPU 并行的分布式网络训练是通过使用 TensorFlow 开源深度学习框架实现的，该框架已部署在阿里云机器学习平台 PAI 等云开放机器学习平台上。

全卷积神经网络的训练过程和重要参数基本上与上节所述卷积神经网络的训练过程和重要参数相似。不同之处在于，由于全卷积神经网络的规模通常很大，而且有许多神经节点，在样本数量相同的前提下，每轮训练的时间都比卷积神经网络长。为了节省训练时间，可以适当减少训练轮数。同时，通过合理设置提前终止（EarlyStopping）功能，不仅可以处理过度拟合现象，还可以节省训练时间。

由于全卷积神经网络输入层的大小比一般大于卷积神经网络，且受实验中使用的 NVIDIA GTX1070 显卡内存大小的限制，训练中 batch_size 的大小不能特别大，因此有必要实时监控网络是否有效收敛。在实验中，Keras 库下的 callbacks. TensorBoard 函数被用来实时直观地监控网络训练。

与卷积神经网络一样，所有全卷积神经网络也具有良好的网络模型重用能力（也称为网络迁移学习能力）。在灾害应急监测过程中，可以在灾区选取少量样本，重新加载神经网络参数进行微调的方式，以实现更高精度的路面语义分割。

3. 灾后未损毁路面检测和道路完整度判别

（1）灾后未损毁路面检测

在完成网络训练后，我们需要设计一种分块方法，将验证区域的图像输入网络中，并对输出结果进行拼接和集成，以获得整个验证区域内未受损路面的语义分割结果。实验中，以灾区道路矢量为导向，每隔一定的等距离间隔截取一个符合网络输入要求的灾区图像块，并将其输入整个卷积神经网络，得到路面提取结果。块距离应大于相邻图像重叠率的 50%。这样，在获得单个图像的语义分割结果后，可以对重叠区域进行平均，从而减少图像边缘语义分割不准确而导致的路面提取错误。验证区域未损坏路面语义分割的具体步骤如下：

1）在已有道路矢量上等距离分布分块点 P_i（i 为分块点编号），将距离间隔设置为 100m。

2）以分块点为圆心生成圆形缓冲区，缓冲区半径设置为 160m，以缓冲区外矩形为边界，将待检测的图像特征数据集分块切割，得到待分类样本。

3）将待分类样本输入 FCN 模型得到该样本的灾后未损毁路面检测结果。

4）将分块的检测结果进行拼接，具体的拼接方法是对相邻检测点重叠区域像元在多次重复检测中得到的道路隶属度（degree of membership，DoM）进行累加得到 Sum_DoM，同时，记录重复检测的次数 n。最后，将累积隶属度与重复检测次数进行比较，得到重叠区域道路的平均隶属度，其平均值为 Ave_DoM。具体计算公式如式（5-21）和式（5-22）所示

$$\text{Sum\_DoM} = \sum_{x=0}^{n} \text{DoM}_x \tag{5-21}$$

$$\text{Ave\_DoM} = \frac{\text{Sum\_DoM}}{n} \tag{5-22}$$

式中，n 为重复检测的次数。

需要注意的是，FCN 的输出结果具有边缘效应，即检测结果周围具有一定宽度的像素的分类结果不准确，如图 5-43 所示。因此，在拼接之前，去除检测结果图像的边缘，并去除检测结果边缘一定宽度的无效像元，可以提高检测结果的准确性。此外，在图像分割过程中，保证相邻图像块之间有一定的重叠率，并对相邻路面检测点的检测结果进行平均，也有助于克服这种现象的影响。

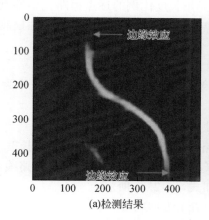 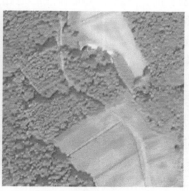

(a)检测结果　　　　　　　　　　(b)原始影像

图 5-43　边缘效应

（2）基于灾前灾后道路长度比例的道路完整度判别

与基于深度学习图像分类方法的道路阻断信息提取直接得到检测点的道路完整度不同，基于深度学习图像语义分割方法的路障提取首先获取灾区未受损路面的分割结果。为了获得道路完整度的判别结果，还需要对灾害发生前的道路向量进行叠加和比较，以获得道路完整度的判别结果。

从灾后未受损路面的语义分割结果中获取完整度检测结果的主要困难在于：由于灾前道路矢量的编译和图像配准误差的存在，很难将灾前道路矢量与灾后遥感图像完全匹配。因此，灾前道路矢量和灾后遥感图像中未受损路面的提取结果无法完全匹配，具体情况如

图 5-44（a）所示。

利用 ArcGIS 软件中的 grid-to-vector（栅格转矢量）工具，对灾后遥感图像中未受损路面的提取结果进行形态学细化后，可以转化为线性矢量形式。然而，转换后的线性矢量仍然无法与灾前道路矢量完整地匹配，如图 5-44（b）所示。这种情况使得最终难以获得阻塞段的判别结果或沿道路的点对点完整性检测结果。

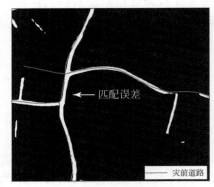 

(a)灾前道路矢量叠加灾后未损毁路面　　　(b)灾前道路矢量叠加灾后道路矢量结果

图 5-44　道路矢量和影像之间的配准误差

为此，设计了一种基于灾前和灾后道路矢量长度比例的逐点道路完整性判别方法，克服了灾前道路矢量和灾后图像配准误差的影响，最终获得灾后道路完整性检测结果和阻断道路路段判别结果。

具体步骤如下：

1）将矢量道路分割为 20m 长度的等距离检测路段，以检测路段中点作为检测点 P_i（i 为检测点编号）。

2）以样点为圆心生成圆形缓冲区 B_i 且使得缓冲区半径为 25m。

3）分别统计每个缓冲区内部的灾前道路线长度和灾后提取的道路线长度。

4）对每个缓冲区 B_i 内部的灾前道路线长度 $L_0(B_i)$ 和灾后提取的道路线长度 $L_1(B_i)$ 比值，则灾后未损毁道路的比例 $R(B_i)$，如式（5-23）所示

$$R(B_i) = L_1(B_i)/L_0(B_i) \tag{5-23}$$

5）将每个缓冲区计算得到的灾后未损毁道路的比例作为道路完整度检测结果赋值给对应的检测点或者检测路段，生成以点或者线形式表现的检测结果。

基于 FCN 方法的道路阻断信息提取完整技术流程如图 5-45 所示。

首先利用灾害典型案例影像，对道路阻断图像语义分割样本库进行构建，用来提供训练样本 S_0，以训练全卷积神经网络从而初始化全卷积神经网络模型 FCNmodel0

$$\text{FCNmodel0} = \text{Train}(S_0) \tag{5-24}$$

获取研究区 x 的灾后影像 $I(x)$ 和道路矢量 $R(x)$ 之后则按照如下技术流程检测道路阻断情况。

对于道路矢量 $R(x)$，沿道路以一定距离间隔（100m）设置分块点 $P_n(x)$，n 为分块点的编号

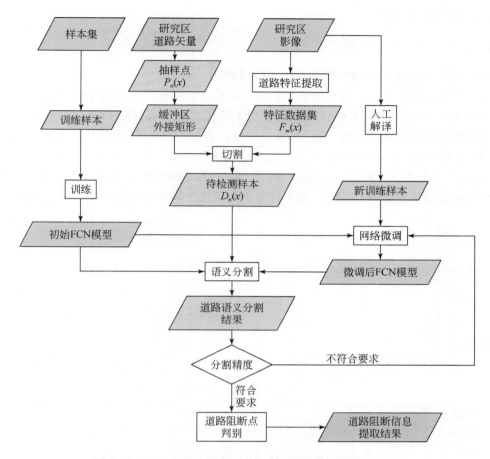

图 5-45　基于 FCN 方法的道路阻断信息提取完整技术流程

$$P_n(x) = \text{GenPoi}(R(x)) \tag{5-25}$$

提取影像 $I(x)$ 特征，构建特征数据集，得到特征图层 $F_m(x)$，其中 m 为选择的特征个数，通常特征图层选择遥感影像的 R、G、B 三个波段

$$F_m(x) = \text{FeaExt}(I(x)) \tag{5-26}$$

对于道路分块点 $P_n(x)$，生成一定距离的缓冲区（160m），取缓冲区的外接矩形对特征数据集 $F_m(x)$ 进行切割，得到待检测分块样本 $D_n(x)$

$$D_n(x) = \text{Clip}(F_m(x), \text{Rectangle}(\text{Buffer}(P_n(x)))) \tag{5-27}$$

利用训练好的网络模型 FCNmodel0，对待检测分块样本 $D_n(x)$ 进行灾后未损毁路面的语义分割

$$\text{FCNresult}_n(x) = \text{Test}(\text{FCNmodel0}, D_n(x)) \tag{5-28}$$

在获得所有待测试样本的分割结果后，生成对完整范围的研究区影像的灾后未损毁路面语义分割结果。生成结果的准确性通过无人机图像测量结果或现场测量结果进行验证。如果检测精度满足要求，则停止训练，否则进行网络微调：人工目视解译研究区域灾后道路路面的图像，从解释结果中选择少量路段，以生成新的训练样本数据 S_1，微调现有网

络，并获得微调网络模型 FCNmodel。

4. 全卷积神经网络的优化效果

（1）不同结构全卷积神经网络的应用效果对比

对于上述不同类型的经典全卷积神经网络结构，使用相同的道路阻断图像语义分割样本库（样本库中 80% 的样本用作训练集，20% 的样本用作验证集）进行网络训练。网络训练采用相同的训练相关参数［batch_size 的设置受显存大小和网络大小的限制，并尝试将其设置为显存可接受的最大值。epoch 设置为 50。损失函数选择"categorical_crossentropy"（分类交叉熵）］。TensorBoard 在训练过程中的监测结果如图 5-46 所示。图 5-46 中的横坐标是训练轮数（epoch）。纵坐标分别为训练集损失函数和验证集损失函数。

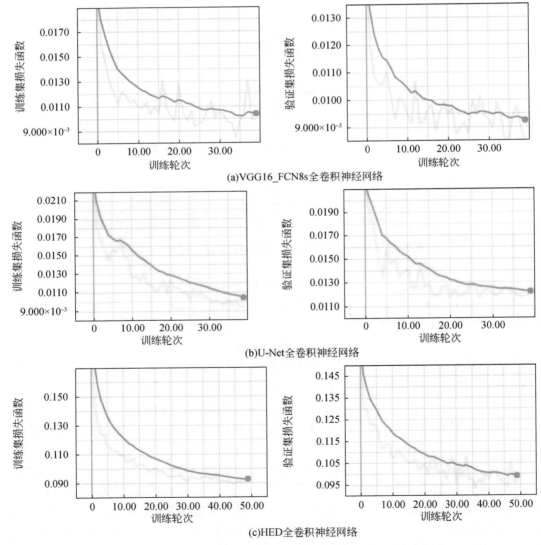

(a)VGG16_FCN8s全卷积神经网络

(b)U-Net全卷积神经网络

(c)HED全卷积神经网络

图 5-46　不同类型的全卷积神经网络结构的训练过程监视图

训练过程的监视结果表明，三种不同结构类型的全卷积神经网络在训练过程中都达到了收敛，验证集损失函数表明网络的训练过程中没有出现过拟合的现象。

图 5-47 展示了经过训练后得到的不同结构类型的经典全卷积神经网络，在同一待检测样本上进行的灾后未损毁道路面提取时的效果对比。结果表明，利用 HED 网络结构提取的路面边界最清晰、最完整，树木和阴影遮挡对提取结果的影响最小，能够清晰地反映道路阻断的情况。

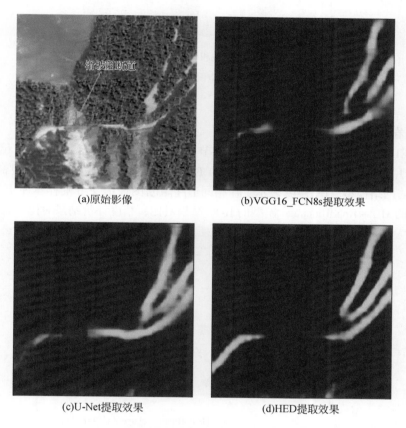

(a)原始影像   (b)VGG16_FCN8s提取效果

(c)U-Net提取效果   (d)HED提取效果

图 5-47　不同类型语义分割网络在同一待检测样本上的效果比较

同样，在灾害应急监测过程中，应用全卷积神经网络时也需要关注数据处理的效率。记录并比较上述不同类型的经典全卷积神经网络训练的时间消耗，如图 5-48 所示。

结果表明，和卷积神经网络相比，全卷积神经网络的训练时间更长，这是因为全卷积神经网络的网络结构更复杂。三种全卷积神经网络结构的训练时间消耗从高到低依次为 VGG16_FCN8s、HED、U-Net。可以看出，不同类型的网络结构的运行效率是不同的，但差异不大。这是因为全卷积神经网络规模较大，基本上已经达到了 GPU 显存能力的极限。目前，数据处理效率主要取决于 GPU 的表现。

对不同类型全卷积神经网络的语义分割效果和运算效率综合分析之后，结果都表明 HED 全卷积神经网络的各项性能指标更加适用于灾后主干道路未损毁路面语义分割问题

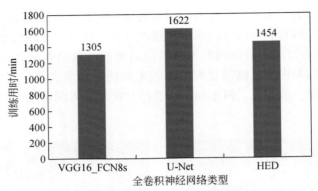

图 5-48　不同类型的全卷积神经网络结构的训练用时

的实际情况。

（2）全卷积神经网络的结构改进效果

选定 HED 作为基本网络结构，并按 5.2 节所提出的改进方法，改进 HED 网络结构，得到了一种适用于道路阻断图像语义分割的 FCN 网络结构，将对应的模型命名为 HED-RoadBlockage 网络模型。图 5-49 表示了在相同道路阻断图像语义分割样本库上，对 HED 模型和改进后的 HED-RoadBlockage 模型的 ROC 结果对比，精度评价结果对比如表 5-15 所示。

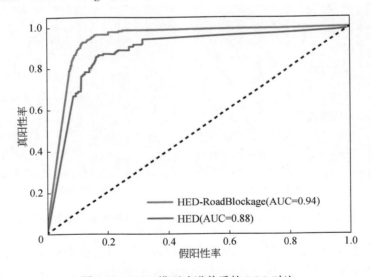

图 5-49　HED 模型改进前后的 ROC 对比

表 5-15　HED 模型改进前后的精度对比　　　　（单位：%）

精度评价指标	道路阻断检测模型	
	HED	HED-RoadBlockage
精确率	84.00	87.70
召回率	88.24	89.92
F1 指数	86.07	88.80

结果表明，改进后的 HED-RoadBlockage 模型的各项精度评价指标都要优于 HED 模型，改进后的模型更加适用于灾后未损毁路面检测和道路完整度判别的具体问题。

5.3　洪水淹没和溃坝信息快速提取

5.3.1　基于 SAR 数据的洪水提取卷积神经网络

1. FWENet 模型结构

CNN 是深度学习领域专门针对图像数据广泛应用的算法框架，其是由一系列卷积和池化运算组成的网络模型。LeCun 等在 1998 年提出 LeNET-5 网络，是第一个真正意义上的卷积神经网络，其主要应用于数字与字母识别。随后又诞生了许多经典的卷积神经网络，如 AlexNet、VGGNet、ResNet 和 DenseNet 等。如今，卷积神经网络广泛应用于计算机视觉领域。卷积神经网络的主要组成部分包括卷积层、激活函数、池化层和全连接层，接下来将详细介绍卷积神经网络的基本结构。

（1）卷积层

卷积层是卷积神经网络的核心组成部分，由若干个卷积运算组成。卷积层能够对图像的特征进行提取，卷积神经网络的浅层卷积层提取图像的基本特征，如图像的色彩、纹理特征；而深层卷积层能够提取图像的深层语义特征。卷积神经网络将多个卷积层组合起来，使得神经网络的提取精度更高。图 5-50 是卷积运算的示意。卷积运算是指利用卷积核通过滑动窗口的方式不断地与输入图像的对应像素做乘积运算，其中卷积核通常是 3 行 3 列的小尺寸矩阵。卷积操作会造成图像边缘信息的丢失，通常采用数据填充的方式解决图像边缘丢失的问题。数据填充是指在图像边缘填充一定层数的 0 元素，从而使卷积操作后得到的特征图保持输入的维度不变，其公式如下

$$dimension = \frac{n+2P-f}{s} + 1 \tag{5-29}$$

式中，n 表示输入图像的维度为 $n \times n$；f 表示卷积核的维度为 $f \times f$，在卷积操作前在图像边缘填充 P 层 0 元素；s 表示卷积核的滑动步幅，其通常设置为 1；dimension 表示经过卷积操作后得到的特征图维度。在知道输入图像以及卷积核的维度情况下，可依据式（5-29）推导出数据填充的层数，从而保证输出特征图的维度不变。

（2）激活函数

现实生活中很多问题是非线性的，通过多个线性函数的组合运算解决非线性问题是很困难的，因此卷积运算后通常跟随激活函数进行非线性映射。卷积神经网络通过引入激活函数解决复杂的非线性问题。常用的激活函数有 Sigmoid、ReLU 和 Elu 等。ReLU 函数是目前应用最广的激活函数，本研究提出的 FWENet 模型就是采用 ReLU 激活函数，其计算公式为

$$f(x) = \begin{cases} 0, & x < 0 \\ x, & x \geq 0 \end{cases} \tag{5-30}$$

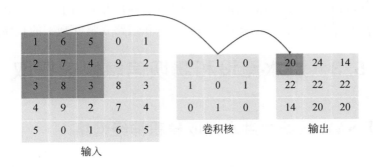

图 5-50　卷积运算的示意

式中，x 表示 ReLU 激活函数的输入；$f(x)$ 表示函数的输出。该函数计算速度快，当函数输入为正数时，不存在梯度消失问题，但强制性把输入的负值置为 0，会丢失一些特征信息。卷积神经网络通常选择 ReLU 激活函数，同时使用较小的学习率，避免出现神经元死亡的情况。

（3）池化层

池化层是卷积神经网络的核心结构，其往往跟随在卷积层之后，经过卷积层后得到的特征图输入池化层中，能够减少特征图的维度，降低数据量。池化运算是指将相邻位置像素的数学统计特征作为输出。根据数学统计特征的不同，池化运算可分为最大池化和均值池化两种。图 5-51 是池化运算的示意。池化运算过程不产生训练参数，能够有效减少网络中的计算量，从而有效抑制网络训练过拟合现象。同时池化层能够帮助神经网络获得不因尺寸而改变的图像特征。但池化层会丢失一定的空间信息，所以很多卷积神经网络将不同分辨率特征图进行特征融合，从而弥补池化层造成的信息损失。

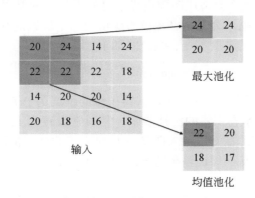

图 5-51　池化运算的示意

（4）全连接层

全连接层通常位于卷积神经网络的尾部，是为了将卷积层和池化层得到的二维特征图映射成一维向量。全连接层与上一层的所有节点相连，所以该层的参数量很大。经过 Softmax 函数归一化后得到输入图像属于每个分类类别的概率，其适合于图像分类任务。

当搭建好卷积神经网络结构后，首先用随机数初始化所有卷积核和参数；随后将训练图片作为模型的输入，按照模型结构执行前项步骤，并计算模型的输出概率值；其次利用损失函数计算模型的输出值与真实值之间的差距；最后使用 BP 算法计算损失值相对于所有参数的梯度，并用梯度下降法更新所有卷积核和参数，从而使损失值最小。卷积神经网络的主要应用包括语义分割、图像分类和目标检测。语义分割是指将输入图像中的每一个像素分出所属的类别，属于图像像素级的分类问题，本研究的洪涝水体信息提取属于语义分割任务。Long 等（2015）提出的 FCN 用卷积层代替全连接层结构，得到输入图像中每一像素属于类别的概率，对图像进行语义分割。随后 Ronneberger 和 Fischer（2015）提出了 U-Net，该网络能融合低分辨率与高分辨率的特征，使图像分割精度得到了较大提升。U-Net 的编码解码结构给后来的研究者很多启发，本研究提出的 FWENet 模型就是采用了编码解码结构。

本研究提出了 FWENet 模型用于 SAR 数据洪水信息的提取，其网络结构如图 5-52 所示。受 UNet 模型启发，FWENet 模型采用了编码解码结构，其中编码部分采用 ResNet18 网络，之后将编码后得到的特征图输入扩张率（dilation rate）分别为 1、2、4、8 的空洞卷积（dilated convolution）中，并以 4 种尺度来提取深层语义特征；而解码部分会将小尺寸的特征图恢复至原尺寸，从而得到水体分割图。在编码解码过程中，每一层的输出都会输入 Scse 注意力模块中，从而进一步提升模型预测的精度。每一个卷积层后都接入一个 BN 层，其能够加快模型学习的速度。

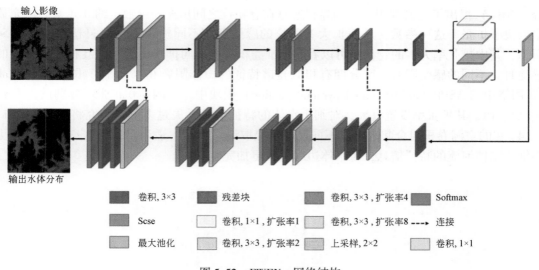

图 5-52　FWENet 网络结构

（1）残差神经网络

深层网络可以获得丰富的语义特征。然而，简单地增加网络深度会导致梯度消失或梯度爆炸，同时随着网络深度的增加，网络性能会出现退化。He 等（2002）提出了残差神经网络 ResNet 来解决这个问题。ResNet 的核心是残差学习模块（residual learning module），图 5-53 展示了两种典型的残差学习模块。通过将特征图输入残差学习模块中，经过卷积后与原始特征图进行通道相加，从而补偿消失的梯度，如图 5-53 所示。输入残差学习模块中的特征图，经过卷积，特征图的尺寸大小与通道数发生变化，因此需要 1×1 的卷积来调整原始特征图的大小与通道数。如今 ResNet 网络已经成为语义分割领域中的主要特征提取网络。常用的 ResNet 网络主要有五种：ResNet18、ResNet34、ResNet50、ResNet101 和 ResNet152，为了降低网络模型的复杂度以及加快模型处理速度，本研究采用 ResNet18 网络来提取主要特征。

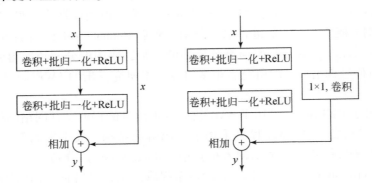

图 5-53　两种典型的残差模块结构

（2）空洞卷积

为了解决卷积神经网络中下采样操作导致的特征图分辨率降低及信息丢失问题，Yu 等（2018）提出了空洞卷积。空洞卷积通过在卷积核之间填充一定数量的 0 元素，填充数量取决于扩张率这一参数，从而扩大卷积核的感受野。不同扩张率的空洞卷积如图 5-54 所示，其中扩张率为 1 的卷积核可以看作标准卷积核。不同扩张率的空洞卷积拥有不同的感受野，不同的感受野对于区分拥有相似光谱特征的山体阴影和水体十分重要。DeepLab V3 网络中的 ASPP（atrous spatial pyramid pooling）模块中，空洞卷积扩张率分别设置为 1、6、12、18，其扩张率设置过大，对细小水体的特征信息丢失过多。本研究将扩张率为 1、2、4、8 的空洞卷积组合起来，以不同尺度来提取语义特征，适当降低扩张率可以捕捉更多细小水体河流的特征信息，对水体边缘提取更加完整。

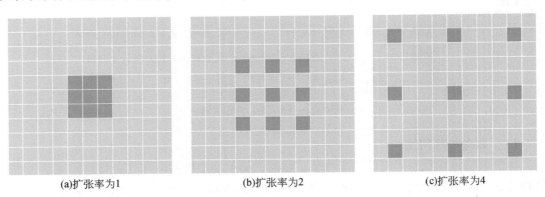

(a)扩张率为1　　(b)扩张率为2　　(c)扩张率为4

图 5-54　不同扩张率的空洞卷积

（3） Scse 注意力

注意力机制的目的是让计算机像人脑一样忽略无关信息而关注重点信息。由于注意力能够提取更多的语义特征，从而广泛地应用于语义分割任务中。遥感影像中不仅有宽阔的湖面，还有细小水体和池塘等，水体尺寸大小不一以及洪涝灾害期间复杂的淹没场景，对卷积神经网络提取洪水的健壮性和泛化性产生很大考验。为此，本研究引入 Scse 注意力机制，从而进一步提升模型预测的精度。Scse 模块的结构如图 5-55 所示，图 5-55 上半部分是通道注意力 CSE 模块，首先对输入特征图进行全局池化操作，随后经过两次 1×1 的卷积后得到的特征图分别使用 ReLU 和 Sigmoid 函数进行激活，最后采用通道相乘的方式进行信息校正；图 5-55 下半部分是空间注意力 SSE 模块，首先对输入特征图进行 3×3 的卷积操作，随后使用 Sigmoid 函数进行激活，最后采用空间相乘的方式进行空间信息校正。Scse 模块是将 SSE 模块与 CSE 模块结合起来。将尺寸为 $C×H×W$ 的特征图输入到 Scse 模块中，输出特征图的尺寸大小依旧是 $C×H×W$。将 Scse 模块添加到在每层卷积之后，不改变特征图的维度大小，目的是对特征图的水体边缘进行精校正。

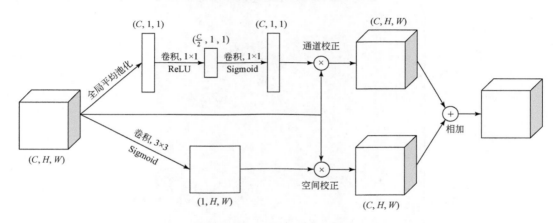

图 5-55　Scse 模块的网络结构

2. 对比分析与消融实验

（1） 样本制作

SAR 影像上随机分布的斑点噪声，影响了实验样本的制作。为此，本研究在高分辨率光学遥感影像辅助下目视解译得到水体样本。此外，由于洪水发生期间常伴随着多云和强降水，因此难以有高质量的光学影像。目前常用的高分辨率光学遥感影像有 GF-1、GF-2、Sentinel-2 影像等，本研究采用部分覆盖研究区的 2020 年 7 月 23 日 Sentinel-2 影像辅助目视解译制作样本。

另外，考虑到 Sentinel-1 的极化数据有限，本研究引入均值纹理特征来丰富模型特征，首先对 Sentinel-1 的双极化数据进行主成分分析操作，随后对包含信息量最大的主成分分析的第一主成分进行均值滤波，滤波窗口大小为 3×3，从而得到均值纹理特征，均值纹理特征能反映纹理的规则程度，同时能在一定程度上缓解 SAR 影像上的噪声。由于 Sentinel-1 双极化数据和均值纹理数据的灰度处于不同尺度，本研究采用线性拉伸的方式统一将灰度值拉伸至 0 ~ 255。

之后将 Sentinel-1 双极化数据和衍生得来的均值纹理数据叠加组合成新的影像。本研究对获得的三波段影像裁剪典型区域作为训练影像和测试影像，训练区域和测试区域如图 5-56 所示。图 5-56 中有 4 个训练区域，训练区域覆盖了细小河流水体、平静开放水体、山区水体等不同洪水水体场景，将这 4 个区域的影像用来制作样本，多个洪涝场景的水体样本可以提高网络模型的泛化性。

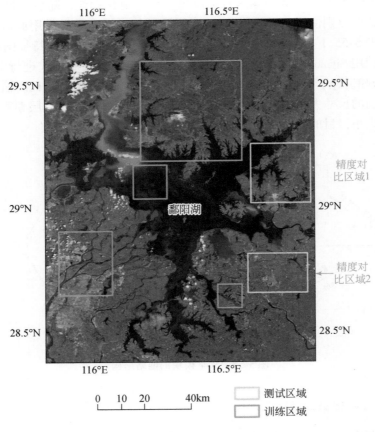

图 5-56　训练区域和测试区域示意

随后在 ArcMap 软件中对训练影像和测试影像进行水体样本标注，接着对影像和对应标签影像进行规则格网裁剪和数据增强。数据增强包括对影像和对应标签影像进行水平翻转、垂直翻转和对角镜像操作，如图 5-57 所示。数据增强是为了获得充足的样本，避免模型训练过程中出现过拟合现象。

最终，本研究得到了像素尺寸为 256×256 的 1808 个训练样本、452 个验证样本和 220 个测试样本。部分样本数据如图 5-58 所示。

（2）模型训练

由于深度学习的计算量很大，参数众多，其对实验的软件有较高的要求。在计算机硬件方面，实验使用高性能高配置的戴尔 Precision 3630 Tower 电脑，配备英特尔 Core i7-

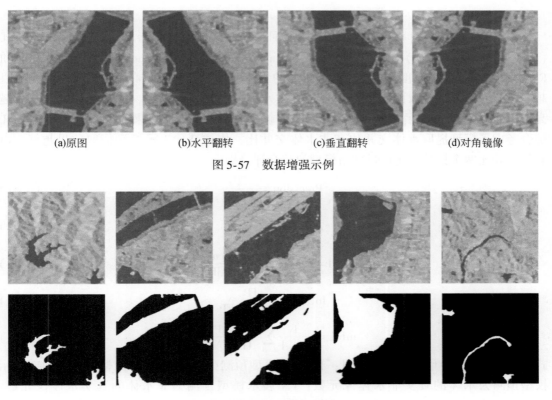

(a)原图　　　　　(b)水平翻转　　　　　(c)垂直翻转　　　　　(d)对角镜像

图 5-57　数据增强示例

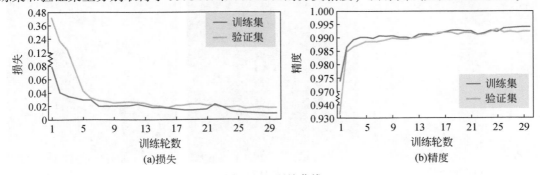

图 5-58　样本数据展示

8700 六核处理器，搭载 Nvidia GeForce 2080 Ti 显卡，配置 32G 内存。在软件环境方面，本研究使用的编程语言为 Python，所使用版本为 3.7，选择 Keras 深度学习框架作为搭建模型的工具，编程过程中用到的依赖库主要有 CUDA 和 GDAL 等。

　　本研究将像素尺寸为 256×256 的 1808 个训练样本和 452 个验证样本输入搭建好的 FWENet 模型中进行训练。通过多次迭代实验，本研究最终得到了合适的超参数，即迭代轮数设为 30，批处理大小设为 8，选择 Adam 作为优化器，初始学习率设为 10^{-4}，选择 ReLU 激活函数，采用交叉熵损失函数进行模型训练。模型经过迭代训练最终收敛，在训练集和验证集上分别取得了 99.34% 和 99.18% 的分类精度，训练曲线如图 5-59 所示。

图 5-59　训练曲线

(3) 模型测试

本研究选择精确率（Precision）、召回率（Recall）、F1 指数、水体交并比 IoU（intersection over union）和均交并比 mIoU（mean intersection over union）五个指标来评价 FWENet 模型的提取精度。精确率表示提取的水体的准确性，值越高，提取结果的准确性越高。召回率表示提取的水体范围接近真实水体的程度，值越高，提取结果的可靠性越高。F1 指数综合考虑了精确率和召回率，值越高表示模型提取效果越好。均交并比 mIoU 综合考虑了模型提取水体交并比和非水体交并比，值越高，表示模型提取效果越好。F1 和均交并比两个指数都是衡量网络模型的综合评价指标。

$$Precision = \frac{TP}{TP+FP} \tag{5-31}$$

$$Recall = \frac{TP}{TP+FN} \tag{5-32}$$

$$F1 = \frac{2 \times Precision \times Recall}{Precision + Recall} \tag{5-33}$$

$$IoU = = \frac{TP}{TP+FN+FP} \tag{5-34}$$

$$mIoU = \frac{1}{n+1} \sum_{i=1}^{n} \frac{TP}{TP+FN+FP} \tag{5-35}$$

式中，n 表示模型预测类别的数目；TP 表示模型预测为水体的真实水体像元数；FP 表示模型预测为水体的真实非水体像元数；FN 表示模型预测为非水体的真实水体像元数；Precision、Recall、F1、IoU 和 mIoU 分别表示精确率、召回率、F1 指数、水体交并比和均交并比。

当洪涝灾害发生时，由于水体范围和水位迅速变化，再加上恶劣的天气条件限制，很难获得精度评价的参考影像。评价洪涝灾害监测的精度具有十分重要的意义，考虑到研究区地理范围太大，东西宽 116km，南北长 153km，对整个研究区进行精度评价需要耗费大量时间和人力制作参考影像。为此本研究选择了像素尺寸分别为 2661×2584 和 1760×2575 的两块测试区域（图 5-60），其中测试区域 1 水体占比 33.47%，测试区域 2 水体占比 7.1%，不同的水体占比能更好地衡量 FWENet 网络模型的洪水水体提取能力。将测试数据集输入训练好的 FWENet 模型中，生成水体分割二值图。通过 FWENet 模型预测的水体

(a)区域1影像　　　　　　　　(b)区域1标签　　　　　　　　(c)区域1预测结果

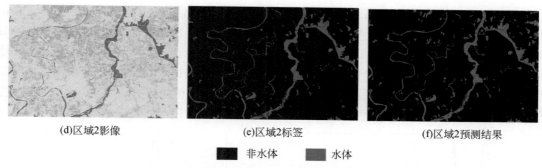

(d)区域2影像   (e)区域2标签   (f)区域2预测结果

■ 非水体   ■ 水体

图 5-60   FWENet 模型在测试区域的洪水水体提取结果

结果图与对应标签影像比较，FWENet 模型在不同测试区域的精度如表 5-16 所示。可以看出，深度学习在洪水水体信息提取方面具有很强的潜力。FWENet 模型在测试区域的水体提取结果如图 5-60 所示。可以看出，FWENet 模型不仅能提取出大范围的水体，也能提取出细小的河流水体，模型具有很强的健壮性。

表 5-16   FWENet 模型在不同测试区域的精度

区域	Precision	Recall	F1	IoU	mIoU
测试区域 1	0.9899	0.9842	0.9871	0.9744	0.9808
测试区域 2	0.8372	0.9743	0.9006	0.8192	0.9014

为了证明本研究方法的有效性，将其结果与传统洪水提取方法以及经典语义分割模型进行对比，传统洪水提取方法有 Otsu 全局阈值法和面向对象法，经典语义分割模型有 UNet、DeepLab V3 和 UNet++，本研究用相同的训练样本来训练这些卷积神经网络。接下来介绍上述洪水提取方法。

（1）Otsu 全局阈值法

Otsu 全局阈值法由日本学者大津展之于 1979 年提出。该算法求出当水体和非水体两类地物间的类间方差最大时，从而得到分割水体和非水体的全局阈值。Otsu 全局阈值法假设研究区水体的像元值为 $[p_1, p_2, p_3, \cdots, p_k]$，非水体的像元值为 $[p_{k+1}, p_{k+2}, p_{k+3}, \cdots, p_m]$，其类间方差为

$$\sigma = P_A(M_A-M)^2 + P_B(M_B-M)^2 \qquad (5-36)$$

$$P_B = 1 - P_A \qquad (5-37)$$

$$M_A P_A + M_B(1-P_A) = M \qquad (5-38)$$

$$M_B = (M - M_A P_A)/(1-P_A) \qquad (5-39)$$

$$\sigma = P_A(M_A-M)^2/(1-P_A) \qquad (5-40)$$

式中，p_k 表示分割出水体与非水体的阈值；σ 表示计算得出的类间方差；P_A、P_B 分别表示水体与非水体两部分里像素占整幅图像的比例；M_A、M_B 分别表示 A 与 B 部分里像元的平均值；M 表示 SAR 影像的像元均值；p_k 从 $[p_1, p_2, p_3, \cdots, p_m]$ 中不断迭代，从而得到满足类间方差最大时的阈值 p_k。

Otsu 全局阈值法适用于 SAR 影像的像素直方图中存在明显 "峰谷" 的情形，且峰值和谷值差值越大，水体提取效果越好。图 5-61 是研究区 SAR 影像的像素直方图，可以看出 VH 和 VV 影像均呈现出明显的波峰和波谷，表明采用 Otsu 全局阈值法进行水体信息提取是可行的。图 5-61 红色数字即 Otsu 全局阈值法计算得到的 VV 和 VH 双极化影像的分割阈值，可以看出阈值并不是直方图中波谷最低值，这是由于 Otsu 全局阈值法仅追求类别间的最大方差，没有考虑类别内部像元的内聚性。图 5-62 是 Otsu 全局阈值法的最终提取结果。

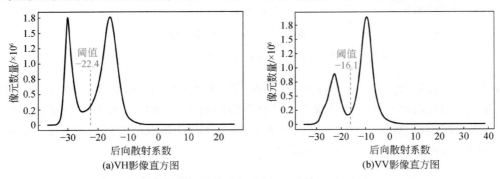

图 5-61　研究区 2020 年 7 月 26 日 SAR 影像的像素直方图以及 Otsu 阈值

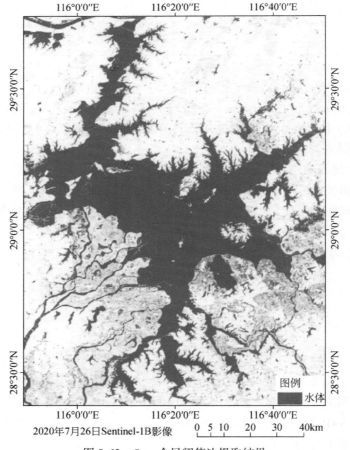

图 5-62　Otsu 全局阈值法提取结果

（2）面向对象法

面向对象法的基本处理单元是影像对象，而不是像元，其采用分割算法，生成光谱、纹理、颜色特征等信息相似的同质均匀对象，运用模糊数学方法依据对象之间的同质性和异质性构建分类规则，从而达到遥感影像智能提取的目的。面向对象法主要分为两个过程，首先对影像进行分割，然后确定影像的合适分割尺度，使特征相似的像元组成大小不同的对象，最后选择合适的分类规则对影像对象进行分类。面向对象法一定程度上避免了SAR 影像上斑点噪声所带来的误差，从而有较高的提取精度。本研究采用 ENVI 5.3 软件，通过多次实验，最终选择基于亮度的分割算法，分类算法选择支持向量机法，将分割尺度设置为 60，融合尺度设置为 20，同时设置了灰度均值、纹理和面积等规则进行面向对象提取。图 5-63 为采用面向对象法提取鄱阳湖 2020 年 7 月 26 日 Sentinel-1 影像水体信息分布图。

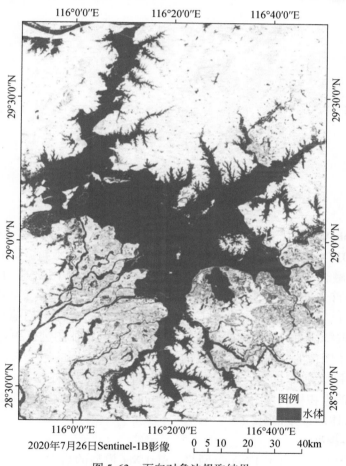

2020年7月26日Sentinel-1B影像

图 5-63 面向对象法提取结果

（3）U-Net 模型

Ronneberger 等于 2015 年提出了 U-Net 网络，该网络能融合低分辨率与高分辨率的特征，使图像分割精度得到了较大提升，其网络结构与字母 U 相似，因此称为 U-Net 网络，如图 5-64 所示。U-Net 网络由两部分组成，图 5-64 左半部分由卷积和下采样操作组成，用于特征提取。网络输入 3 通道 256×256 像素尺寸的影像，经过 3×3 的卷积层后得到的特征图使用 ReLU 函数进行激活，随后采用 Max Pool 方法进行下采样。图 5-64 右半部分由卷积和上采样操作组成，用于恢复特征图的维度。U-Net 网络结构通过引入上采样操作来提升图像表征的分辨率，从而弥补空间分辨率的损失。网络最后采用 1×1 的卷积输出结果图。图 5-65 为采用 U-Net 法提取鄱阳湖 2020 年 7 月 26 日 Sentinel-1 影像水体信息分布图。

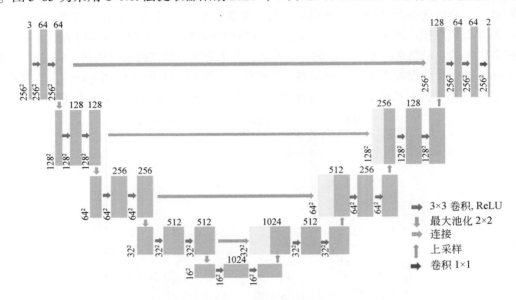

图 5-64　U-Net 网络结构

（4） DeepLab V3 模型

Chen 等于 2017 年提出了 DeepLab V3 网络，该网络将多个不同扩张率的空洞卷积组合实现多尺度特征融合，从而较大提升了模型的分割精度，其网络结构如图 5-66 所示。DeepLab V3 网络首先采用 ResNet 网络实现图像特征的提取，随后将得到的特征图输入 4 个扩张率分别为 1、6、12 和 18 的空洞卷积中，同时采用全局平均池化（global average pooling）操作提取特征图的全局特征，最后将不同尺度的特征图进行融合，并上采样至原尺寸，从而实现了图像的分割。不同尺度的特征图对应着不同的感受野，不同感受野对于图像水体信息的提取至关重要，本研究提出的 FWENet 模型也是受 DeepLab V3 网络的启发，从而采用空洞卷积模块。图 5-67 为采用 DeepLab V3 法提取鄱阳湖 2020 年 7 月 26 日 Sentinel-1 影像水体信息分布图。

（5） UNet++模型

Zhou 等于 2018 年提出了 UNet++网络，受 UNet 模型的启发，UNet++网络由编码结构、解码结构和跳跃连接（skip connection）三部分组成，对 UNet 模型原有的跳跃连接部分进行改进，充分利用不同网络层获取到的浅层特征和深层特征，将低分辨率与高分辨率的特征进行融合，使图像分割精度得到了较大提升，其网络结构如图 5-68 所示。网络中每一个节点 $X^{i,j}$ 表示一个特征提取模块，由两个 3×3 的卷积和一个 ReLU 激活函数组成，用于输入图像的特征提取。UNet++网络将每一网络层得到编码特征图与其下一层编码器上

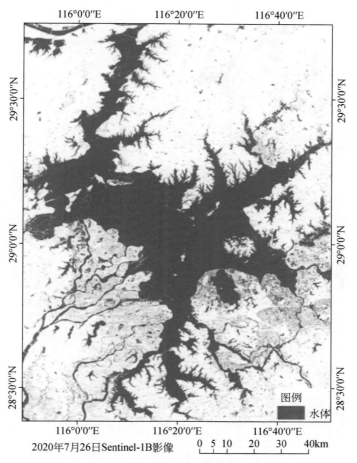

2020年7月26日Sentinel-1B影像

图 5-65　U-Net 网络提取水体结果

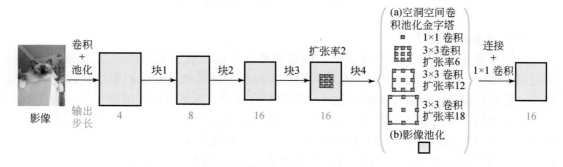

图 5-66　DeepLab V3 网络结构（Chen et al.，2017）

采样所得到的特征图进行特征融合，实现了灵活的特征融合。UNet++网络的一大亮点是设计了"剪枝"方案来解决网络深度多深合适的问题。"剪枝"是指可以随意剪掉多余的网络层，灵活的网络结构可以使 UNet++网络在精度可接受的范围内大幅缩减参数量，从而加快模型的推理速度。图 5-69 为采用 UNet++法提取鄱阳湖 2020 年 7 月 26 日 Sentinel-1 影像水体信息分布图。

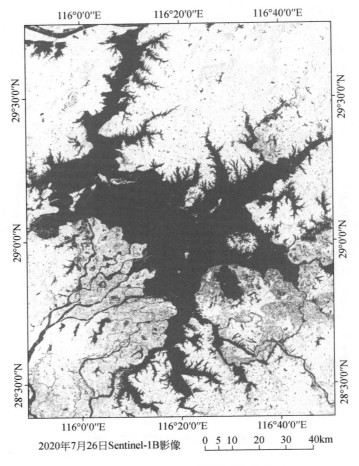

2020年7月26日Sentinel-1B影像

图 5-67　DeepLab V3 网络提取水体结果

（6）精度对比分析

不同洪水水体提取方法在测试区域的提取精度评价如表 5-17 所示。结果表明，Otsu 全局阈值法在水体占比高的情况下，F1 指数和均交并比较高，水体提取效果较好。在水体占比低的情况下，Otsu 全局阈值法水体提取精度较差，提取水体的准确性差；面向对象法在不同水体占比情况下表现都较好，但面向对象法的分割规则与分类规则需要大量的先验知识，难以找到合适的规则；UNet 模型在水体占比低的情况下，洪水水体提精度次于 UNet++ 和 FWENet 模型，表现较好。在水体占比低的情况下，洪水水体提精度仅强于 DeepLab V3 模型，表现较差；DeepLab V3 模型表现最差，在所有方法中精度最低；UNet++ 模型的 F1 指数和均交并比这两个综合指标均较高，洪水水体提取能力仅次于 FWENet 模型；FWENet 模型的精确率仅次于 UNet++，召回率仅次于 UNet，F1 指数、水体交并比和均交并比这三个指标精度均最高，可以看出，FWENet 模型在洪水水体提取能力上优于其他方法，提取精度最高。

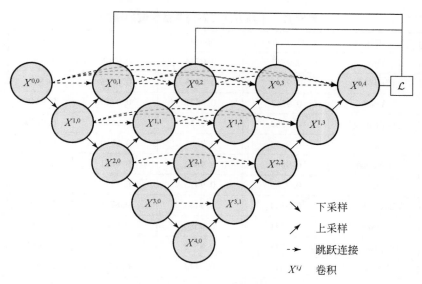

图 5-68   UNet++网络结构

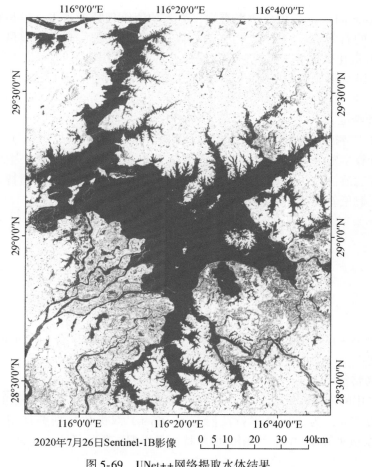

2020年7月26日Sentinel-1B影像

图 5-69   UNet++网络提取水体结果

表 5-17　不同方法在不同测试区域的精度

区域	方法	Precision	Recall	F1	IoU	mIoU
测试区域 1	Otsu	0.9847	0.9724	0.9785	0.962	0.9713
	面向对象	0.9838	0.9713	0.9775	0.965	0.9669
	UNet	0.9563	0.9871	0.9715	0.9445	0.9578
	DeepLab V3	0.9562	0.9636	0.9599	0.9229	0.9415
	UNet++	0.9916	0.9685	0.9799	0.9606	0.9705
	FWENet	0.9899	0.9842	0.9871	0.9744	0.9808
测试区域 2	Otsu	0.7285	0.9475	0.8237	0.7003	0.8347
	面向对象	0.8144	0.9444	0.8746	0.7771	0.8783
	UNet	0.7841	0.9686	0.8666	0.7794	0.8792
	DeepLab V3	0.6748	0.8542	0.754	0.6051	0.7815
	UNet++	0.8411	0.9177	0.8777	0.7821	0.8813
	FWENet	0.8372	0.9743	0.9006	0.8192	0.9014

考虑到 Sentinel-1 的双极化数据有限,引入均值纹理特征来丰富模型特征。为了证明均值纹理特征的有效性,分别引入方差纹理、偏斜度纹理、高程、坡度和 SDWI 特征与 Sentinel-1 的双极化数据叠加组成三波段影像,从而比较引入不同特征的 FWENet 模型在测试数据集下的洪水水体提取精度。接下来依次介绍纹理特征、地形特征、光谱特征及模型泛化过程。

(1) 纹理特征

采用的纹理特征有均值纹理、方差纹理和偏斜度纹理。首先对预处理好的 Sentinel-1 双极化数据计算主成分分析,接着基于概率统计对主成分分析的第一主成分计算纹理特征,其中设置滤波窗口为 3×3,最后通过目视解译筛选出适合的纹理特征。其中均值纹理、方差纹理和偏斜度纹理计算公式如下

$$\text{Mean} = \frac{1}{9} \sum_{i=0}^{8} x_i \tag{5-41}$$

$$\text{Variance} = \frac{1}{9} \sum_{i=0}^{8} (x_i - \text{Mean})^2 \tag{5-42}$$

$$\text{Skewness} = E\left[\left(\frac{x_i - \text{Mean}}{(\text{Variance})^2}\right)^3\right] \tag{5-43}$$

式中,x_i 表示 3×3 窗口的像元值;Mean、Variance 与 Skewness 分别表示窗口所对应均值、方差和偏斜度。

(2) 地形特征

本研究采用的地形特征有高程特征和坡度特征。高程特征是研究区的 DEM 数据,其空间分辨率为 30m,为了使高程特征能与 Sentinel-1 双极化数据叠加组合成新影像,将 30m DEM 数据重采样至 10m。采用的坡度特征是根据高程特征衍生得来的,其坡度特征的计算公式如下

$$\frac{\mathrm{d}z}{\mathrm{d}x} = \frac{(x_{13} + 2x_{23} + x_{33}) - (x_{11} + 2x_{21} + x_{31})}{8 \times \mathrm{cellsize}} \tag{5-44}$$

$$\frac{\mathrm{d}z}{\mathrm{d}y} = \frac{(x_{31} + 2x_{32} + x_{33}) - (x_{11} + 2x_{12} + x_{13})}{8 \times \mathrm{cellsize}} \tag{5-45}$$

$$\mathrm{Slope} = \mathrm{ATAN}\left(\sqrt{\left(\frac{\mathrm{d}z}{\mathrm{d}x}\right)^2 + \left(\frac{\mathrm{d}z}{\mathrm{d}y}\right)^2}\right) \times 57.295\,78 \tag{5-46}$$

式中，x_{13} 表示 3×3 窗口中第 1 行第 3 列的像元值，其他同理；cellsize 表示窗口中像元的空间分辨率；$\frac{\mathrm{d}z}{\mathrm{d}x}$ 与 $\frac{\mathrm{d}z}{\mathrm{d}y}$ 分别表示窗口 x 和 y 方向上的变化率；Slope 表示窗口所对应坡度值，其值的分布范围为 0~90。

（3）光谱特征

采用的光谱特征是 SDWI 特征，其由贾诗超等于 2018 年提出的 SAR 水体信息提取方法，公式如下

$$K_{\mathrm{SDWI}} = \ln(10 \times \mathrm{VV} \times \mathrm{VH}) \tag{5-47}$$

式中，K_{SDWI} 表示波段运算的结果值；VV 和 VH 表示 Sentinel-1 双极化数据。SDWI 参考借鉴了植被归一化指数 NDVI，利用 Sentinel-1 双极化数据之间的波段运算来增强水体特征，从而取得了较好的水体信息提取效果。

由于本研究所选用特征的灰度值域处于不同尺度，采用线性拉伸的方式统一将灰度值拉伸至 0~255。所有特征的定量评价结果如表 5-18 所示。结果表明，引入的均值纹理特征提取精度最高，在大范围洪水水体以及细小水体河流提取中都有效。

表 5-18　不同特征在不同测试区域的精度

区域	特征	Precision	Recall	F1	IoU	mIoU
测试区域 1	Mean	0.9899	0.9842	0.9871	0.9744	0.9808
	Variance	0.9785	0.9763	0.9774	0.9558	0.9667
	Skewness	0.9772	0.9772	0.9772	0.9555	0.9664
	DEM	0.9771	0.9768	0.9769	0.9549	0.9660
	Slope	0.9806	0.9742	0.9773	0.9557	0.9666
	SDWI	0.9744	0.9775	0.9759	0.953	0.964
测试区域 2	Mean	0.8372	0.9743	0.9006	0.8592	0.9014
	Variance	0.8348	0.9234	0.8768	0.8142	0.8857
	Skewness	0.8272	0.9313	0.8761	0.8442	0.8987
	DEM	0.8334	0.9587	0.8916	0.8233	0.8753
	Slope	0.8199	0.9215	0.8677	0.8314	0.8877
	SDWI	0.8495	0.9408	0.8928	0.8408	0.8981

尽管 FWENet 模型在其他水体提取方法中提取精度最高，但提高性能的关键因素是什么？因此，设计了消融实验。消融实验是指将原模型结构删除部分模块，保持其他模型结构不变，从而研究模型的性能提升受删除模块的影响程度。于是将 FWENet 模型的空洞卷积部分删除，保持其他结构不变，开展实验；同理将 FWENet 模型的 Scse 模块删除开展实

验，实验结果如表 5-19 所示。结果表明，没有空洞卷积的 FWENet 模型的 F1 指数和 mIoU 在测试区域 1 分别为 0.9737 和 0.9612，在测试区域 2 分别为 0.8885 和 0.8772。空洞卷积使 FWENet 模型的性能有很大的提升；没有 Scse 的 FWENet 模型的 F1 指数和 mIoU 在测试区域 1 分别为 0.9851 和 0.9779，在测试区域 2 分别为 0.8963 和 0.8894。Scse 进一步提高了 FWENet 模型的预测精度。总体来说，空洞卷积在模型性能上比 Scse 有更大的提升。

表 5-19　不同 FWENet 模型的要素在不同测试区域的精度

区域	模型要素	Precision	Recall	F1	IoU	mIoU
测试区域 1	FWENet（无空洞卷积）	0.9681	0.9793	0.9737	0.9487	0.9612
	FWENet （无 Scse）	0.9888	0.9815	0.9851	0.9707	0.9779
	FWENet	0.9899	0.9842	0.9871	0.9744	0.9808
测试区域 2	FWENet（无空洞卷积）	0.8188	0.9714	0.8885	0.8326	0.8772
	FWENet （无 Scse）	0.8299	0.9744	0.8963	0.8487	0.8894
	FWENet	0.8372	0.9743	0.9006	0.8592	0.9014

（4）模型泛化

深度学习模型依赖于大量的训练样本来实现模型的泛化。模型的泛化性是指深度学习模型经过训练后，准确预测新数据的能力。为了测试训练好的 FWENet 模型能否直接应用于其他地理区域的洪涝灾害，本研究将训练好的 FWENet 模型应用于 2020 年洪泽湖洪涝灾害事件。洪泽湖是中国第四大淡水湖，位于淮河下游、江苏西部，地理范围在 33°6′ ~ 33°40′N，118°10′ ~ 118°52′E。洪泽湖属于淮河流域的重要大型水库，是南水北调东线工程的重要过水通道。2020 年 7 月，淮河上游洪水持续进入洪泽湖，导致洪泽湖水位快速上升，发生了严重的洪涝灾害。本研究收集了 2020 年 7 月 22 日洪泽湖洪水灾害期间的 Sentinel-1 SAR 图像，以测试 FWENet 模型的泛化能力。经过同样的处理，将洪泽湖中的 Sentinel-1 图像输入之前训练好的 FWENet 模型中，模型预测结果如图 5-70 所示。

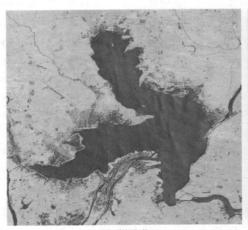

(a)洪泽湖影像　　　　　　　　　　　　　　　(b)预测结果

■ 非水体　　　■ 水体

图 5-70　FWENet 模型在 2020 年洪泽湖洪水水体提取结果

本研究选择了一个分辨率为 1383×1926 的测试区域 ［图 5-71 （a）］ 来评估 FWENet
模型的泛化能力。将 FWENet 模型在洪泽湖区域预测的洪水水体结果 ［图 5-71 （c）］ 与标
记图像 ［图 5-71 （b）］ 进行比较。结果表明，FWENet 模型在测试区域的 F1 指数和 mIoU 分
别为 94.52% 和 93.58%。从图 5-70 和图 5-71 可以看出，该模型具有很强的泛化性。

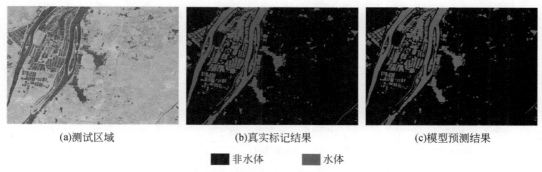

（a)测试区域 　　　　　　　　　（b)真实标记结果 　　　　　　　　　（c)模型预测结果

■ 非水体 　　　 ■ 水体

图 5-71 　FWENet 模型在测试区域洪水水体提取结果

3. 后处理

本研究基于 FWENet 网络模型，通过将多时像的鄱阳湖 Sentinel-1 SAR 影像输入训练
好的深度学习模型中进行预测，从而得到鄱阳湖十三期的水体信息空间分布。由于 SAR
图像的成像方式为斜距成像，在地形起伏明显的山区 SAR 图像会出现阴影等几何形变现
象。而阴影和水体在 SAR 图像上的后向散射系数很相似，因此造成 SAR 影像上阴影和水
体容易混淆。为此，本研究对 DEM 数据以及坡度数据进行地形建模去除山体阴影的影响。
通过查看研究区 DEM 数据的直方图以及坡度分析，多次实验，本研究将高程大于 130m 和
坡度超过 5° 的区域当作阴影区域，从水体空间分布图中掩模阴影区域，从而将山体阴影从
水体提取结果中剔除。由于受影像噪声、风浪、桥梁和船舶等因素的影响，所提取的水体含
有部分孔洞或孔隙，为此，采用数学形态学运算对水体提取结果进行后处理，具体运用到的
形态学运算主要包括腐蚀、膨胀等，最终处理后的十三期水体提取结果如图 5-72 所示。

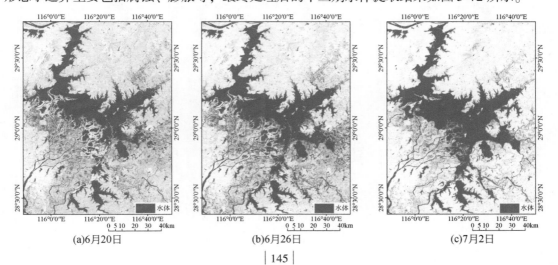

（a)6月20日 　　　　　　　　　（b)6月26日 　　　　　　　　　（c)7月2日

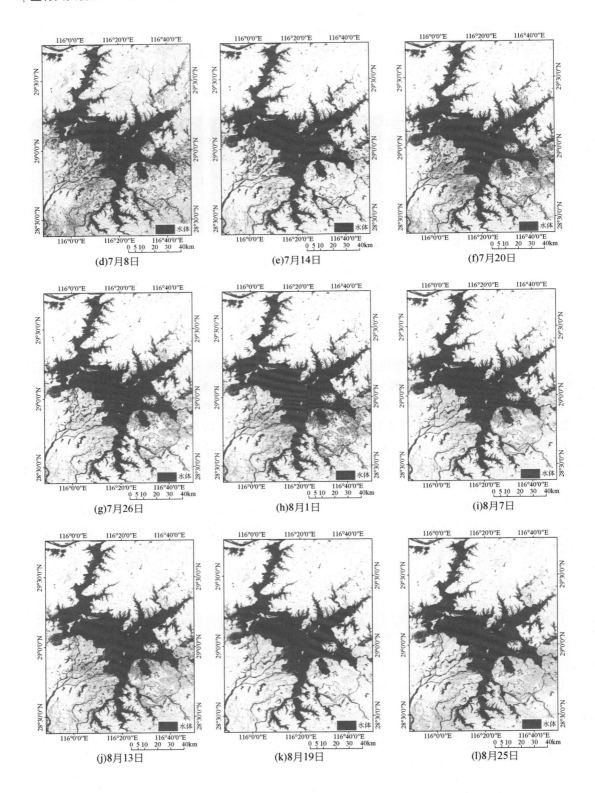

(d)7月8日   (e)7月14日   (f)7月20日

(g)7月26日   (h)8月1日   (i)8月7日

(j)8月13日   (k)8月19日   (l)8月25日

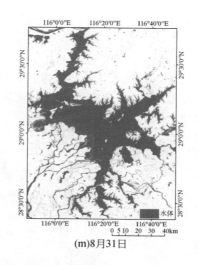

(m)8月31日

图 5-72 鄱阳湖各期水体提取结果空间分布

5.3.2 基于 SAR 数据的防洪工程损毁提取

作为世界上最严重的自然灾害之一，洪涝灾害因其发生速度快、影响范围广以及重现频率高等特点，每年对全球造成大量的伤亡与经济损失。持续性的洪水极易导致防洪工程损毁（溃坝决口），防洪工程一旦发生损毁，大量洪水会涌入农田和村庄，造成严重的洪涝灾害。为了减轻防洪工程损毁给国家、人民造成的损失，快速准确地获取其地理位置和损毁宽度等信息具有极其重要的意义。遥感技术具有覆盖范围广、重访时间短等优势，其逐渐成为洪水监测的主要方法。然而，洪水发生期间通常伴随着恶劣天气，使得光学传感器受到多云和降水的影响，一般难以提供无云高质量的光学影像。相反，SAR 因其主动发射微波以及高穿透能力，不受云、雨天气的影响，在监测洪水时空分布信息中发挥着越来越重要的作用。

防洪工程损毁是由水体的泛滥造成的，因此利用 SAR 数据监测的关键在于洪水期间水体信息的识别和提取。近年来，深度学习模型已逐渐应用于遥感影像水体提取，这是因为深度学习方法避免了复杂的特征选择过程，其可以直接从原始影像中获取特征，故而在多波段遥感影像信息提取过程中具有较强的适用性。

2020 年 7~8 月，受长江上游来水和持续强降水影响，鄱阳湖水位快速上涨，流域内发生了严重的洪涝灾害。受鄱阳湖发生超标准水位洪水影响，鄱阳湖支流——昌江于 2020 年 7 月 8 日出现多处溃坝，两岸的大片村庄和数万亩耕地被淹，近万名村民被紧急转移。在此背景下，本研究基于防洪工程损毁前后的 Sentinel-1 SAR 影像，采用 U-Net 对 SAR 影像进行水体监测和识别，对防洪工程损毁前后的水体分布做变化检测，在空间分析操作的基础上，得到潜在的防洪工程损毁疑似区地理位置，并在高精度无人机影像和光学遥感影像的辅助下进行核查，得到其真实的地理位置和损毁宽度等信息，最终对由防洪工程损毁导致的淹没范围进行分析。

1. 研究区概况与数据预处理

（1）研究区概况

昌江是鄱阳湖支流饶河的支流，其位于江西东北部。昌江河流长约为250km，流域面积为6220km²，河流平均流量为180m³/s。受鄱阳湖洪涝灾害的影响，昌江鄱阳段曾多次出现溃坝决口险情。为此，本研究将昌江鄱阳段作为研究区，如图5-73所示。

2020年7月8日Sentinel-1B影像

图 5-73　基于 SAR 数据的防洪工程损毁提取研究区示意

（2）数据预处理

欧洲航天局研制的 Sentinel-1 SAR 卫星，由 A、B 两颗卫星组成，双星重访周期最短为6天，有4种成像模式，最大幅宽为400km。结合2020年鄱阳县问桂道圩与中洲圩溃坝的相关研究，选择干涉宽幅模式下的 Sentinel-1 SAR 影像 GRDH 产品数据，影像信息如表5-20所示。其中7月2日和7月8日是溃坝前的SAR影像，7月14日和7月20日是溃坝发生期间的SAR影像。影像获取后，选择SNAP 7.0软件对Sentinel-1 SAR影像进行数据预处理，从而得到研究区10m分辨率双极化的后向散射分布图，具体预处理步骤包括辐射定标、自适应滤波、地形校正、分贝化、裁剪和镶嵌等，其中地形校正采用30m分辨率的DEM数据进行校正。

表 5-20　Sentinel-1 SAR 影像信息

序号	成像时间	卫星	产品类型
1	2020 年 7 月 2 日	Sentinel-1B	GRDH
2	2020 年 7 月 8 日	Sentinel-1A	GRDH
3	2020 年 7 月 14 日	Sentinel-1B	GRDH
4	2020 年 7 月 20 日	Sentinel-1A	GRDH

2. 防洪工程损毁提取方法

（1）基于 U-Net 的洪水水体提取

传统的基于卷积神经网络的水体信息提取方法由于需要对影像中每个像素进行分类，其计算复杂，计算机存储开销大，且分类的性能以及提取精度等均受到限制。在此背景下，Long 等（2015）提出了 FCN，对图像进行语义分割。随后 Ronneberger 和 Fischer（2015）提出了 U-Net，该网络能融合低分辨率与高分辨率的特征，使图像分割精度得到了较大提升。

本研究采用 U-Net 进行水体信息提取。考虑到 Sentinel-1 的极化数据有限，本研究引入光谱特征来丰富模型特征。将 Sentinel-1 双极化数据和衍生得来的 SDWI 数据叠加组合成新的影像，将新影像作为 U-Net 模型的输入，其中 SDWI 是由贾诗超等于 2018 年提出的水体信息提取方法，公式如下所示

$$K_{SDWI} = \ln(10 \times VV \times VH) \tag{5-48}$$

式中，K_{SDWI} 表示波段运算的结果值；VV 和 VH 表示 Sentinel-1 双极化数据。SDWI 参考借鉴了归一化水体指数（normalized difference water index，NDWI），利用 Sentinel-1 双极化数据之间的波段运算来增强水体特征，取得了较好的水体信息提取效果。

（2）变化检测与空间分析得到潜在防洪工程损毁疑似区

本研究基于 U-Net 模型，通过将防洪工程损毁前后多时相的 Sentinel-1 SAR 影像输入训练好的深度学习模型中进行预测，从而得到研究区四期的水体信息空间分布。首先对灾前的水体分布计算连通域，从而得到昌江的主河道水体，并对昌江主河道水体建立缓冲区，缓冲区阈值设置为 2m。随后将灾前与灾中的水体分布进行变化检测，得到防洪工程损毁后水体淹没的空间分布。最后将防洪工程损毁后水体淹没图与建立缓冲区的昌江主河道水体进行空间相交处理，从而得到潜在的溃坝疑似区，如图 5-74 所示。

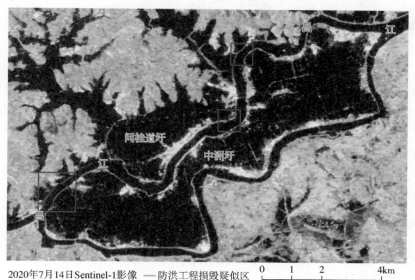

2020年7月14日Sentinel-1影像 —— 防洪工程损毁疑似区　　0　1　2　　4km

图 5-74　2020 年 7 月 14 日防洪工程损毁疑似区分布

（3）高分辨率无人机影像核查疑似区

防洪工程损毁宽度往往在几十米到数百米之间，在遥感影像上表现不明显。为此，需要采用空天地不同类型的载荷来确定潜在的防洪工程损毁位置是否发生损毁。本研究选择了高分辨率的无人机影像和光学遥感影像来核查潜在防洪工程损毁位置。由图5-75可以看出，总共得到7个潜在疑似区。结果显示，7个潜在疑似区中有2个是溃堤决口，4个是洪水漫过防洪工程而淹没的农田，1个是算法误提取的，算法提取的识别率达到85.7%。真实的溃堤决口如图5-76所示。

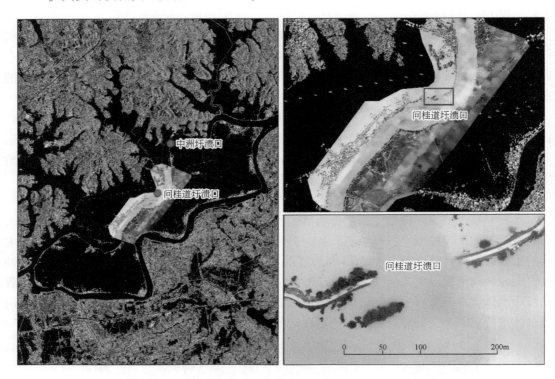

图5-75　溃口的无人机航拍影像

根据本研究方法，提取出7个潜在防洪工程损毁疑似区，随后在相应位置处的无人机影像和光学遥感影像辅助下进行目视解译，研判出实际的损毁位置，最终得到2个溃堤决口和4个漫没。从精确率、召回率和F1指数三个指标衡量算法的精度可得：6个受损毁防洪工程都准确提取出来，误提取出1个防洪工程，算法的精确率为85.71%，算法的召回率为100%，算法的F1指数为92.31%。精度指标表明算法具有较高的提取精度。结果证明，本研究方法提取防洪工程损毁具有较高的准确性。

3. 溃坝灾害分析

2020年7月9日中洲圩发生溃坝决口，导致昌洲全乡被淹，圩堤后方的大片村庄和数万亩耕地被淹，近万名村民被紧急转移。其溃坝中心点地理位置为116.799°E，29.055°N，决口宽度约为180m。由于溃坝，洪水淹没面积26.623km²，淹没范围如图5-77所示。

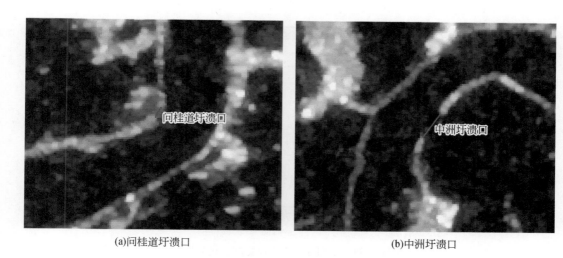

(a)问桂道圩溃口   (b)中洲圩溃口

图 5-76   真实溃坝位置

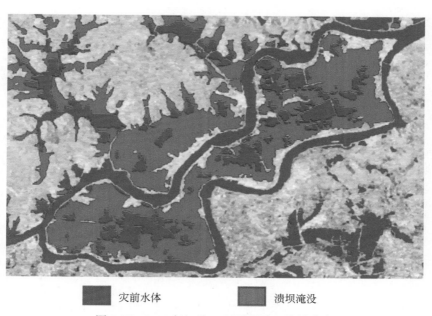

■ 灾前水体   ■ 溃坝淹没

图 5-77   2020 年 7 月 14 日溃坝决口淹没分布

    利用本研究方法提取到了中洲圩溃坝决口位置,基于多源遥感数据(GF-1、GF-2、GF-3、Sentinel-1、Sentinel-2 等)监测溃坝决口宽度变化,其宽度变化如图 5-78 所示。经过应急抢险人员多日的抢修,7 月 18 日溃口决口成功合龙。

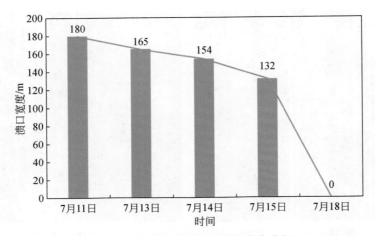

图 5-78　中洲圩溃坝决口宽度变化分析

第 6 章 重特大灾害应急分级信息产品制作技术

重特大自然灾害应急救援、资源调度、抢险救灾和指挥协调等应急响应决策对灾情信息及其动态变化具有重大需求，并且对灾情信息的时效性、可视化表达和非专业可读性要求高。随着空间信息科学技术的发展，空天地资源协同监测重特大自然灾害及其演进过程技术体系发展越来越成熟，应用机器学习和深度学习快速提取受灾程度和范围以及承灾体状况等灾情要素信息也取得重大的进展，对灾害演进过程中重要环节的灾害风险评估方法和技术也得到了创新性的发展，形成了灾害链快速评估方法和技术体系。在重特大自然灾害应急响应中，灾害监测和评估提供的动态变化灾情信息内容与形式多样，侧重点不同，因此需要研究与灾害演进过程中灾情信息内容动态变化相对应的、综合不同灾情信息形式的、标准规范并且时效性强的产品制作技术，形成重特大自然灾害应急响应信息产品生产技术体系，为应急响应不同应急时间节点的决策提供快速、规范的灾情信息产品。

6.1 应急产品与制作技术国内外研究现状

6.1.1 国内外应急产品概况

国内外灾情信息产品一般以专题图为主，由于应急地图需要满足应急响应决策的需求，与一般的灾情专题图相比，有其自身特殊性和紧迫性，因此需要有别于一般专题地图的设计制作方法和原则。

随着各类突发事件的频繁发生，应急测绘保障任务更加繁重，应急地图的重要作用日益凸显。西方发达国家在这一方面的研究开展得比较早，在 2004 年就建立了较为成熟的应急保障系统和完整的应急符号体系。相对而言，直到《中华人民共和国突发事件应对法》《自然资源部应急测绘保障预案》等法规和文件先后出台，我国才明确了测绘工作在突发事件处理中的地位和作用，应急地图越来越受到重视，应急地图相关理论和设计制作研究也取得了一定进展。杨庚印（2011）利用大地水准面精化等导航测量，结合玉树震后重建测绘保障工程，详细阐述了灾后应急地图生产的工作流程、主要方法和关键技术；张雪颖等（2009）对灾情专题地图在信息表达和图面表达等方面的设计进行了研究，总结了灾情专题地图快速、易用、全面、动态的编制原则。这些研究成果在一定程度上改变了应急专题地图设计流程离散化的传统模式，提升了应急专题地图的成图效率，为科学设计和快速编制应急专题地图起到一定的作用。

6.1.2　国内外地图模板设计发展

模板设计理念深入各行各业，将模板思想引入地图设计中，是解决地图制作过程烦琐、成图不规范、制作地图效率不高的重要方案。有了标准模板后，用户就不必对各种设计方案再做尝试就可以快速找到相应的模板，不修改或者进行少量的修改后就可以得到所需的制图对象。

国外基于模板的制图专家系统出现较早，1985年英国就研制了地图设计专家系统MAP-AID，根据专家经验设计的模板确定地图上各要素的符号使用类型。此后美国研制的专题地图数据处理制图专家系统，通过模板引导解决了地图内容的分类、分级、合成和显示。

国内孙亚夫等（1998）提出应用模板技术制作专题地图，并介绍了模板工具设计原则及模板库建立方法，提出模板库包括点线面符号模板、颜色模板、统计符号样式模板等内容。周海燕和华一新（2000）针对定量专题地图设计了八种常用定量专题制图模板。江南等（2006）对显示模式的符号库和模板进行了研究，为进行空间信息可视化奠定了基础。冯涛等（2010）提出数学模板是对专题地图数学模型所涉及的参数变量和数学运算的一种抽象化和结构化，设计了数学模型并提供给专题制图系统使用。姚宇婕和陈毓芬（2011）将模板库分为地图模板、表示方法模板、符号模板、色彩模板和图表模板五部分，建立了引导型专题地图模板库。

符号是应急专题地图的主要元素，地图模板一般独立设计符号系统，因此，研究应急专题地图的符号体系具有重要意义。国外大部分应急符号体系都是在军方现有的符号系统基础上构建的，这些军标符号系统不断完善，要素齐全，对应急符号体系建设打下了坚实的基础。例如，美国联邦地理数据委员会在2001年就采用统计分析方法系统研究了美军军队标号符号体系，并于2003年公布其符号体系标准。澳大利亚空间信息委员会在研究本国现有各种符号体系的基础上，参考美国所发布的应急符号体系构建了本国应急符号体系。Dymon（2003）将应急测绘符号体系分为应急设施、紧急服务、技术灾害、自然灾害、犯罪、疏散、基础设施的损坏和故障七类。

我国在应急专题符号方面的研究较少，但对地形图和一般专题地图的符号体系研究较多，这在一定程度上能够指导应急专题地图符号的设计。中国标准化与信息分类编码研究所制定的《地图用公共信息图形符号通用规定》中，制定了地图公共信息通用符号、图形符号的分类与编码（张亮，2007）。黄猛等（2010）根据不同人群对灾害符号的认知过程研究，分析了我国当前灾害符号存在的问题，以此开展灾害类图标标准化制定工作。李晓丽等（2010）从符号的原理出发，研究了地震灾情符号，并从地震灾情符号的语义、语法、语用三方面探讨了地震灾情符号的来源、功能及其应用。

6.1.3　国内外应急专题图快速制作技术研究现状

世界各国和国际组织高度重视应急快速制图及其关键技术研究。2003年联合国卫星应用服务项目（United Nations Operational Satellite Applications Program，UNOSAT）推出了快速制图服务。德国天基危机信息服务中心（Center for Satellite Based Crisis Information，ZKI）为应对世界范围内的人道主义救援和公共安全活动，提供了自然灾害期间 7 天 24 小时的快速制图服务，并在其网站免费共享包括地图、空间地理数据、档案等在内的遥感服务产品。英国天气中心开展了暴风雨灾害快速预警制图，环境局开展了洪涝灾害快速制图业务，并以 WebGIS 形式向用户发布。美国联邦紧急事务管理署负责统筹全美灾难救援事宜，开展了自然灾害和人为灾害快速标准化制图，以完成减灾、备灾和恢复重建工作，减少全美民众生命财产的损失。日本气象厅研发了包括台风、洪涝、泥石流、龙卷风、海啸、地震及火山喷发等在内的多种快速制图产品。法国建立了以空间技术局（CNES）为首的快速制图应急响应运行体系和以 SERTIT 等公司为核心的对外快速制图服务窗口，其业务产品主要是灾区受灾面积提取图件，对于一般性灾害，获取灾区遥感图像 4～6h 内完成受灾面积快速制图，对于比较复杂的灾害，获取灾区遥感图像 8h 内完成受灾面积快速制图（杨思全，2005a，2005b）。

我国在 1976 年唐山地震和 1988 年云南澜沧—耿马地震时已开始对应急遥感制图技术进行尝试（丁军和王丹，1995）。1998 年长江流域特大洪涝灾害期间，应急遥感制图技术迅速发展。2002 年国家减灾中心成立之后，全面开展应急快速制图关键技术和方法的研究，在 2008 年汶川地震、2009 年青海玉树地震、西南五省特大秋冬春连旱、舟曲特大山洪泥石流灾害、盈江地震等重大自然灾害的应对工作中广泛应用。2011 年应联合国外空司的倡议，国家减灾中心迅速启动灾害遥感快速制图服务机制，组织开展非洲之角干旱遥感监测，并通过联合国灾害管理与应急反应天基信息平台北京办公室向受灾国提供产品服务，标志着我国的遥感应急快速制图技术服务进一步拓展。我国目前已启动的重大专项也非常重视快速标准化制图技术研究。

6.2　重特大自然灾害应急分级信息产品模板设计

6.2.1　重特大自然灾害应急产品分级系统

针对地震、洪涝和台风等重特大自然灾害应急救援、资源调度、抢险救灾、指挥协调等应急响应决策的重大需求和应急决策产品需求，在充分调研国内外灾害应急信息产品的现状和需求的基础上，根据重特大自然灾害不同应急时间节点和不同灾害决策辅助信息支持需求，创新性地提出了构建分灾种、分级的应急灾害信息产品，即地震灾害应急分级信息产品、洪涝灾害应急分级信息产品和台风灾害应急分级信息产品。根据灾害演进过程灾情信息的变化和决策指挥、应急救援、抢险救灾等所关注的灾情信息内容的变化，将灾情信息产品分为三级：灾害背景信息产品、概要灾情信息产品和核心灾情信息产品。

针对地震地质灾害、气象水文灾害行业特点，目前灾害背景信息、概要灾情信息和核心灾情信息三级产品系统为：灾害背景信息产品基于构建的多尺度、多类型背景信息数据库提取所需要的灾害背景信息，主要包括大区域、中低空间分辨率的土地利用分类数据，历史基础 DEM 数据，行政区划数据、人口、道路、建筑物和水体分布等历史基础地理数据，灾前历史高分辨率影像数据以及历史灾害事件专题数据等。概要灾情信息在背景信息产品的基础上添加灾后亚米级数据，地震灾害发生时刻、震中、震级以及灾害强度和影响范围模拟数据等灾情概要信息，洪涝灾害则为降水分布、淹没范围等灾情概要信息，台风灾害则为台风路径、影响范围等灾情概要信息（Chen et al.，2020）；核心灾情信息包括地震烈度，重点区域洪涝淹没范围、建筑物倒塌（淹没）范围、道路损毁位置等监测提取的灾情要素信息以及建筑物损毁程度、受灾人口分布情况、农作物受灾情况等承灾体灾害风险评估和次生地质灾害风险评估等灾情核心信息。

分级信息产品系统详细情况如表 6-1 所示，实际分级产品生产时，视灾情要素提取和灾情评估信息情况而定。

表 6-1　重特大自然灾害应急分级信息产品系统

产品级别	产品名称	产品信息内容（可根据实际情况选择）		分辨率
0 级	灾害背景信息产品	地震灾害	土地利用分类	几十米级至百米级
			历史基础 DEM	—
			行政区划等	—
			人口、道路、水体等承灾体分布	—
			历史影像数据	亚米级
		气象水文灾害	土地利用分类	几十米级至百米级
			历史基础 DEM	亚米级
			行政区划、人口、道路等分布	—
			历史影像数据	—
			主要水体、重要防洪工程分布	—
1 级	概要灾情信息产品	地震灾害	发生时间、震中位置、震级	—
			灾后亚米级数据	亚米级
			灾害强度和影响范围模拟数据	—
		洪涝灾害	灾后亚米级数据	亚米级
			降水分布、淹没范围等	—
		台风灾害	台风等级、路径、登陆位置等	—
			影响范围	—
2 级	核心灾情信息产品	地震灾害	地震烈度、灾区范围等	—
			建筑物倒塌、道路损毁、受灾人口等承灾体分布	—
			次生地质灾害分布	—
		洪涝灾害（台风继发洪涝灾害）	重点区域洪涝淹没范围	—
			受灾人口、道路损毁、重点防洪工程损毁以及受灾农作物等分布	—

6.2.2　重特大自然灾害应急产品分级模板体系

在对国内外先进的灾害信息产品应急制作技术进行调研的基础上，针对灾害应急分级信息产品系统的特点，收集、整理、研究、综合灾害信息产品制作样例，再结合我国国情，采用基于模块组合的模板设计思想，通过模块间的相互交叉和调用，研制重特大自然灾害应急产品分级模板，形成适应我国减灾救灾业务需求的模板体系。

基于灾害应急分级信息产品系统，构建了0级灾害背景信息、1级概要灾情信息和2级核心灾情信息三级模板，每一级模板又包含多类子模板，对应于分级信息产品系统中不同级别产品的信息内容，如0级模板下的行政区划图、交通路线图、河网水系图、土地利用类型图等多种背景信息专题图制作模板；1级模板下的灾情范围图、灾害强度图、灾后影像图等多种概要灾情信息专题图制作模板；2级模板下的房屋损毁图、道路损毁图、抢险路径图等核心灾情信息专题图制作模板，形成了适应我国灾害应急的分级信息产品模板体系，如图6-1所示。

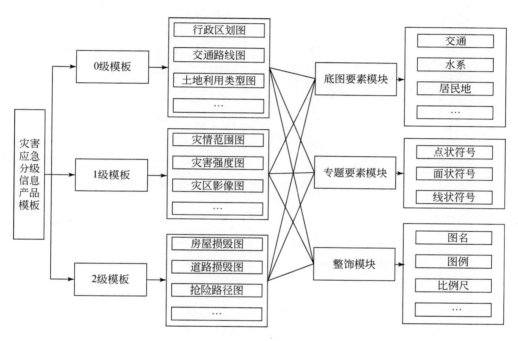

图6-1　灾害应急分级信息产品模板体系构成

制定制图标准，依据模板体系，构建了模板库和要素模块。要素模块包括底图要素模块、专题要素模块和整饰要素模块。其中底图要素模块包括建筑物、道路、地貌、水系、植被等地图要素，将地图要素简化表示，以突出专题信息。专题要素模块是在对专题要素的数据特点、制图要求进行综合分析的基础上，设计符合每一类应急专题地图的符号和文字，包含点状符号、线状符号和面状符号。其中，点状符号主要表示灾害发生位置、基础设施分布等；线状符号主要表示主要道路、河流等；面状符号主要表示受灾范围、受灾程度等。整饰模块包括图名、图廓、图例和比例尺等模板设计元素。符号库和可视化色彩库示例如图6-2和图6-3所示。

依据灾害应急专题图版式的特点，设计了横版和竖版两种版式，如图6-4所示。

图6-2　灾害应急分级信息产品模板符号库示意

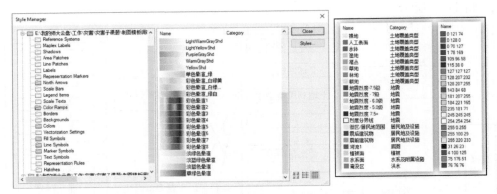

图6-3　灾害应急分级信息产品模板可视化色彩库示意

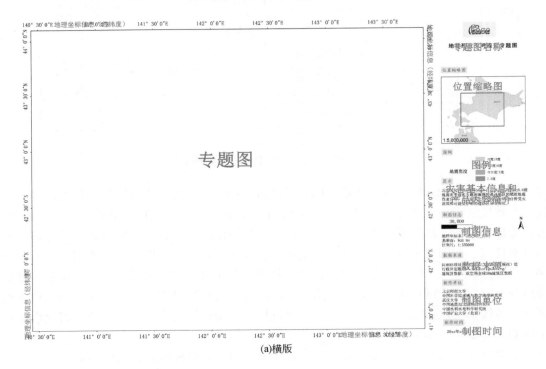

(a)横版

图 6-4 灾害应急分级信息产品模板版式示意

6.2.3 重特大自然灾害应急产品分级模板制作

构建了模板库和要素模块后，根据灾害应急分级信息产品模板体系，制作各级模板，流程如图 6-5 所示。

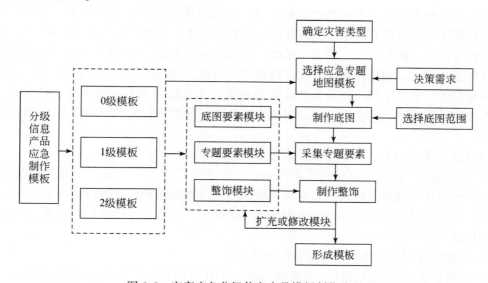

图 6-5 灾害应急分级信息产品模板制作流程

6.3　重特大自然灾害分级信息产品应急制作技术

针对多尺度空天地遥感数据源特点和灾情要素目标特征，开展复杂孕灾环境背景下空天地数据协同监测重特大自然灾害分级信息产品应急制作技术研究。研究满足不同应急时间节点、不同灾害决策辅助信息支持需求的产品快速制作技术流程，形成灾害应急分级信息产品制作技术体系，快速制作规范化的应急产品标准专题图，为国家重特大自然灾害应急响应及决策、抢险救灾等提供支持。

以空天地数据为参考，针对灾害应急响应动态决策需求，地震地质灾害、气象水文灾害行业特点，以灾害应急分级信息产品模板为基础，构建灾害应急分级信息元数据库，设计灾害信息与制图模板的匹配方法，研究分级信息产品的应急制作技术，同时对分级信息产品进行交叉验证，优化制图精度。分级信息产品应急制作技术路线如图6-6所示。

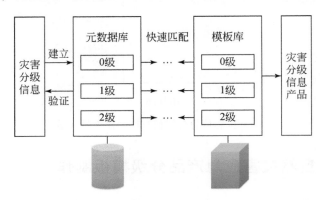

图6-6　分级信息产品应急制作技术路线

针对获取的多尺度、不同类型灾情信息，根据决策需求对其进行分类、分级和处理，建立元数据库进行存储和管理。元数据库包括数据描述、空间范围和空间分辨率、时间范围和时间分辨率、投影方式、精度、量纲、质量标识等要素，实现对多源灾情信息的分级分类和规范化管理。利用元数据库快速检索灾害信息，与制图模板进行匹配，调用制图模块，构建制图环境，实现分级信息产品应急制作，并且以局部高级灾害信息产品为基础，评估低级灾害信息产品的制图精度，以此建立各级信息产品精度的相关关系，进而优化制图精度。

具体制作步骤如下：

1）0级信息产品应急制作技术步骤包括：①从数据库中提取灾害区域的相关背景数据；②从模板库中选取对应灾种、对应规格和对应级别的模板；③将背景信息可视化在模板图中；④从符号库和色彩库中抽取对应符号及颜色，并进行最终整饰、完善等工作，完成0级信息产品应急制作。

2）0级信息产品应急制作流程如图6-7所示。

3）1级信息产品应急制作技术步骤包括：①在0级信息产品应急制作基础上，选取对应1级信息产品模板；②在模板图上可视化叠加概要灾情信息；③从1级符号库和色彩库中选取对应整饰符号和色彩，进行最终的整饰和完善等工作，完成 1 级信息产品制作。

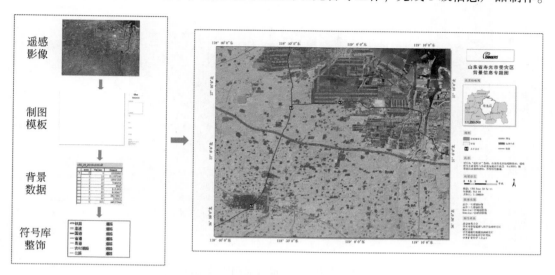

图 6-7 0 级信息产品应急制作技术流程

4）1 级信息产品应急制作流程如图 6-8 所示。

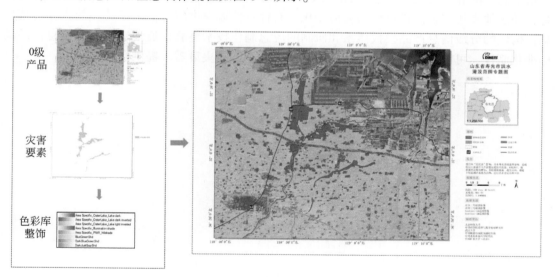

图 6-8 1 级信息产品应急制作技术流程

5）2 级信息产品应急制作技术步骤包括：①在 0 级或 1 级信息产品应急制作基础上，选取对应 2 级信息产品模板；②在模板图上可视化叠加对应的核心灾情信息；③从 2 级符号库和色彩库中选取对应符号和色彩，进行最终的整饰、完善等工作，完成 2 级信息产品制作。

6）2 级信息产品应急制作流程如图 6-9 所示。

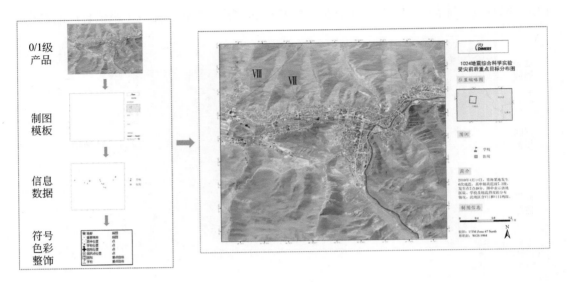

图 6-9　2 级信息产品应急制作技术流程

　　重特大自然灾害应急信息产品分级系统将应急灾情信息产品分为背景信息产品、概要灾情信息产品和核心灾情信息产品三级，能够针对不同决策阶段提供不同灾情要素及信息，动态地表达灾害演进过程的灾情变化，有针对性地提供应急决策所关注的主要灾情信息，构建的分级信息产品模板体系和研制的应急制作技术能够快速地进行灾害信息产品的标准化制作，可以为灾害发生后的不同时间节点和不同决策需求提供有力支持。

第 7 章　重特大灾害空天地协同应急监测系统

空天地监测资源协同规划子系统需要在分析多星联合调度任务规划的可视化特性、建模特性、数据处理技术等的基础上，构建多星运行轨道资源库，对高、中、低轨多颗卫星的运行轨道和状态信息进行展示，模拟无人机分布及飞行路线和观测区域地面资源分布的场景仿真，对空天一体化协同观测资源进行有效管理及动态接入，完成模拟灾害发生后，可调度空天观测资源协同观测场景，及时接入可调度观测资源，在灾情演进过程中，不断优化、调整联合调度方案，完成空天观测资源协同观测应急的综合展示。同时结合地面台站网点资源分布情况，实现灾区地面数据的获取规划和方案输出。

7.1　空天地监测资源协同规划子系统

7.1.1　系统设计

空天地监测资源协同规划子系统统筹国内外遥感卫星成像能力，集成全国无人机资源，提供遥感卫星、无人机和地面台站协同任务规划，在重特大灾害发生时，帮助业务人员快速获取灾害区域未来的卫星影像和无人机影像，结合气象站、水文站信息，为管理部门及时掌握受灾情况，实现灾害影响评估和救援方案制定提供支撑。

1. 总体设计

空天地监测资源协同规划子系统采用 B/S 架构开发，技术架构划分为接入层、技术支撑层和应用层三个层次，如图 7-1 所示，接入层整合基础数据构建空天地监测资源编目库，各类基础数据接入到系统中；技术支撑层聚合了系统的底层技术能力，包括安全认证技术、数据库访问接口、文件处理接口、二三维引擎、多星协同任务规划、无人机航线规划等算法和模块；应用层实现了规划数据管理、任务规划、任务仿真、资源状态展示及系统管理等系统功能。空天地观测资源编目库集成了近 20 颗主流遥感卫星、168 个全国分布的无人机站点、2169 个全国分布的气象台站与 2410 个全国分布的水文台站数据，数据全面且丰富，为建设空天地协同观测体系提供有力的数据支持，保障灾害发生后灾害现场空天地数据的快速获取。编目库灵活可扩展，可根据需求快速增加卫星、无人机站点以及地面台站的信息。

2. 功能设计

空天地监测资源联合规划系统包括资源管理、任务规划、任务仿真、系统管理四个模块，各个模块的功能详见图7-2。

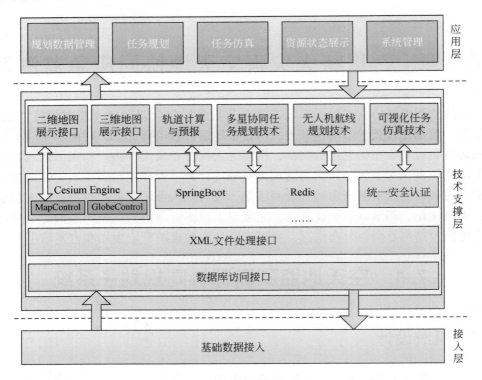

图7-1　技术架构

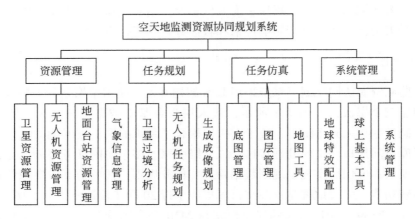

图7-2　功能架构

3. 角色设计

空天地监测资源联合规划系统的用户分为普通用户、专业用户、系统管理员3类，不同角色可使用的功能详见图7-3。

普通用户：可使用资源管理中资源浏览和任务仿真功能，浏览卫星、无人机、地面台站和气象等监测资源信息。

专业用户：具有遥感、地信专业背景、经过系统使用培训的业务人员，可使用系统的全部功能，创建协同规划任务并跟踪任务进展，进行规划作业。

系统管理员：具有计算机、软件专业背景的运维人员，负责系统的日常管理、维护和监控，配置系统数据资源，跟踪日志并解决问题。

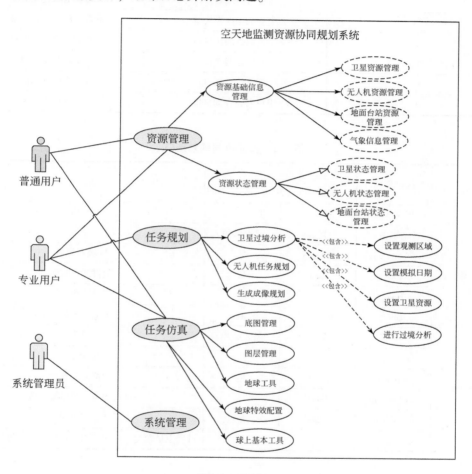

图 7-3　用例

4. 接口设计

空天地监测资源协同规划子系统的接口分为内部接口与外部接口。

（1）内部接口

内部接口见表 7-1 ~ 表 7-3。

表 7-1　内部接口列表

序号	接口名称	用途
1	卫星信息查询接口	获取卫星参数信息
2	地面台站查询接口	获取地面台站信息
3	气象信息查询接口	获取气象信息
4	多星协同规划接口	计算卫星过境情况
5	生成成像报告接口	下载卫星过境成像报告
6	区域查询接口	查询行政区域边界
7	云图查询接口	获取云图影像
8	系统信息接口	查询系统基础信息
9	用户列表查询接口	查询用户列表

表 7-2　多星协同规划接口

参数	接口名称	多星协同规划接口	请求类型	POST
	相应状态	200	相应参数	JSON
请求参数	请求值	类型	是否必须	说明
	boundaryArray	Polygon	是	区域边界值
	fromDate	float	是	预报开始时间
	Hour	float	是	预报持续时间
	Satlist	String［］	是	选中卫星名称数组
响应参数	返回值	类型	是否必须	说明
	targetArea	float	是	目标区域总面积
	coveredArea	float	是	覆盖面积
	satPassMap	JSON	是	过境的卫星及过境次数
	passTime	Date	是	过境时间
	Sat	JSON	是	过境卫星幅宽、侧摆范围、过境经纬度等参数信息

表 7-3　卫星信息查询接口

参数	接口名称	卫星信息查询接口	请求类型	GET
	相应状态	200	相应参数	JSON
响应参数	返回值	类型	是否必须	说明
	Satid	int	是	卫星 id
	satname	string	是	卫星英文名称
	cname	string	是	卫星中文名称
	country	string	是	所属国家

表

参数	接口名称	卫星信息查询接口	请求类型	GET
	相应状态	200	相应参数	JSON
响应参数	group	string	是	卫星系列
	resolution	string	是	最高分辨率
	Sattype	string	是	卫星类型
	Tle1	string	是	卫星两行根数
	Tle2	string	是	卫星两行根数
	payloadid	int	是	传感器 id
	payloadname	string	是	传感器类型
	revisit	string	是	重访周期
	sidedegree	string	是	侧摆范围
	width	string	是	幅宽

（2）外部接口

外部接口见表 7-4。

表 7-4　无人机规划路径接口

接口名称	无人机规划路径接口	标识符	S_CXGH-001
接口类型	WEBSERVICE 接口	接口协议	SOAP
实现方式	Web 服务接口调用	优先级	高
发送方/提供方	任务规划系统主动调用	接收方/使用方	无人机任务规划系统
接口描述	任务规划系统调用无人机任务规划的 WebService 服务接口，获取无人机规划路径		
前提条件	系统运行正常		
请求内容	规划任务参数		
返回内容	无人机路径信息		
异常处理	提示用户相关异常信息		
保密性要求	无特殊要求		

7.1.2　系统展示

空天地监测资源协同规划子系统基于 J2EE 标准进行开发，融合 WebGIS、卫星轨道模拟仿真、多星协同规划等技术，实现了资源管理、任务规划、任务仿真、系统管理 4 个功能模块。

1. 资源管理

资源管理模块包括卫星资源管理、无人机资源管理、地面台站资源管理和气象信息管理4个功能。用户可快速获取卫星、无人机、地面台站的基础信息和状态信息，在地球上查看资源的位置信息，并查看天气信息。

（1）卫星资源管理

系统定时读取对地观测卫星轨道根数文件，模拟卫星围绕地球运行的真实状态，展示成像过程三维动态效果。用户通过勾选卫星列表前的复选框控制卫星状态信息的显示、查看卫星的状态，包括卫星轨道、扫描覆盖宽度、载荷类型、载荷分辨率等信息，并可调整观测角度，查看卫星的覆盖范围，如图7-4所示。

图7-4　卫星资源管理

系统卫星资源丰富，可调用高景系列卫星、高分系列卫星、资源系列卫星、环境系列卫星、中巴资源系列卫星和北京二号，满足地震、洪涝、台风、地质灾害、火灾、雪灾、旱灾等灾害场景的对地监测需求。

（2）无人机资源管理

系统管理无人机站点信息。用户在登录系统后，单击"加载无人机"按钮，即可在地球上加载全国范围内无人机站点的信息，单击某个点位，即可查看该无人机公司信息，获取该公司的无人机型号和联系电话，如图7-5所示。

（3）地面台站资源管理

系统管理地面台站信息。用户在登录系统后，单击"加载水文站"按钮，即可在地球上加载水文站的位置信息，单击台站点位，即可查看该水文站信息。同理可查看气象站信息，如图7-6所示。

（4）气象信息管理

系统接入全国气象卫星云图，通过操作屏幕中间的时间轴设置时间点，展示过去或当前的卫星云图，查看动态变化效果，如图7-7所示。

图 7-5　无人机资源管理

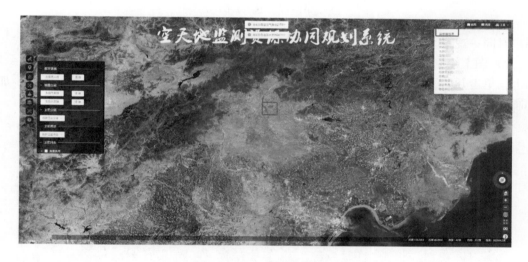

图 7-6　地面台站资源管理

2. 任务规划

任务规划模块可根据应急观测任务需求，创建任务，规划灾害区域的成像方案。系统支持任务信息的查看、修改与删除。

（1）卫星过境分析

卫星过境分析根据用户输入的观测区域、卫星传感器、成像时间、云量等参数信息与卫星运行轨迹参数，调用 SGP4 轨道计算模型，预报卫星过境观测区域信息，以列表形式展示卫星条带信息，并在地图上直观绘制过境时采集影像的覆盖范围。

A. 设置观测区域

系统支持两种添加观测区域的方法，添加后观测区域保存为"已有观测区域"，方便

图 7-7　卫星云图

用户对同一观测区域再次观测。

1）图上绘制：输入区域名称和描述内容后，单击"图上绘制"按钮，将鼠标拖至地图上，单击开始绘制，依次设置多边形的点所在的位置，右击结束绘制，完成区域添加，如图 7-8 所示。

图 7-8　图上绘制

2）矢量上传：通过上传 zip 格式的 shp 文件上传矢量范围。单击"矢量上传"按钮，调用浏览器文件上传功能，选择本地文件后，即可成功上传，区域名称为 shp 文件名称，如图 7-9 所示。

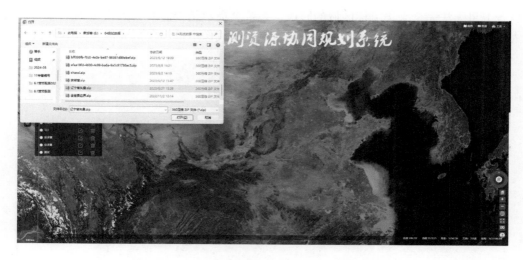

图 7-9   矢量上传

B. 卫星过境分析

用户需要依次设置以下参数。

1）模拟日期：成像时间的起点。

2）成像时间：从起点开始的时间段，单位为小时。

3）成像策略：支持时间优先和质量优先两个成像策略。时间优先策略表示最短时间覆盖目标区域；质量优先策略表示在给定的时间内，优先进行不侧摆成像，剩余区域按照侧摆角度最小原则进行覆盖。

4）卫星：覆盖观测区域所使用的卫星。

单击"过境分析"按钮，系统将按照设置条件使用选中的卫星对目标观测区域进行过境分析，将满足条件的卫星采集范围绘制在地图上，如图 7-10 所示。

图 7-10   卫星覆盖分析示意图

若卫星无法完全采集目标区域的影像，系统会提示是否需要无人机协助成像，若需要无人机协助，则系统会协调附近的无人机站点发送成像申请和模拟成像，如图 7-11 所示。

图 7-11　无人机规划提示

（2）无人机任务规划

若卫星成像无法满足灾害区域的影像采集需求，系统支持调用无人机补充采集。无人机任务规划根据参数信息、气象信息、交通信息与全国无人机资源库信息，分析出实时可用的无人机资源，规划并布设无人机飞行航线，初步制定最优无人机调度方案。随后考虑地面分辨率、航向重叠度、旁向重叠度、飞行航向等高级任务需求，在对全国无人机资源分布和重特大灾害空间特征库进行调查和研究的基础上，利用灾情要素空间特征、无人机资源分布及传感器优化配置技术，确认无人机的导航路线，形成可实施的无人机总体任务规划方案，如图 7-12 所示。

灾害发生时，无人机资源与观测目标可能存在一定距离，影响数据质量。此时系统可结合路网及道路损毁情况，计算搭载无人机的车辆从起点到终点的最短路径。利用车辆搭载无人机抵达观测目标附近后，再由无人机执行观测任务，从而提升数据质量。

（3）生成成像规划

系统可把卫星和无人机联合过境分析的情况以文字和图片的形式生成成像规划文件，供用户下载。成像报告中包括 3 部分内容：灾害情况简介、可利用卫星与无人机资源分析和资源调度规划。灾害情况简介部分描述了灾害发生的时间、地点、等级和造成的影响，可利用卫星与无人机资源分析部分列出了本次协同规划任务可用的卫星及其载荷、无人机位置及型号等信息，资源调度规划部分描述了各颗卫星的详细过境时间、传感器、成像模式、侧摆角、无人机的飞行航线和采集时间等信息，用户详细了解成像计划。

用户基于卫星成像规划与无人机任务规划的分析结果，选择合适的采集方案并进行微调，形成最终的卫星采集计划和无人机采集航线，并一键发送到相关运控单位。

图 7-12　无人机成像规划

3. 任务仿真

（1）底图管理

系统支持天地图影像、天地图电子、天地图地形、开放街道地图（OSM）、街道图等各类底图，用户勾选需要的底图，可在三维球上加载和切换，如图 7-13 所示。

图 7-13　底图管理

（2）图层管理

图层管理可控制系统图层在三维球上的展示效果。在图层面板中勾选所需数据图层，支持透明图调节。如图 7-14 所示，展示了叠加天地图地名图层的效果。

图 7-14　图层管理

（3）地图工具

系统提供影像分析所需要的工具，包括图上量算、空间分析、坐标定位、地区导航、卷帘对比、图上标绘、飞行漫游、地图打印等 12 个工具。

1）图上量算：测量地球上的空间数据，包括空间距离、贴地距离、剖面、水平面积、贴地面积、角度、高度差、三角测量等，如图 7-15 所示为故宫城墙长度的测量结果。

图 7-15　图上量算

2）空间分析：对关注区域进行 GIS 分析的工具，包括日照分析、可视域、方量分析、地形开挖、地表透明等。

3）坐标定位：输入经纬度和高度后，可自动定位至该目标点。

4）地区导航：选择某行政区划，地图上自动定位至该行政区划上方，并显示行政边界。

5）卷帘对比：通过拖动卷轴，直观对比两个影像。

6）图上标绘：在地图上标绘符号，支持二维平面类、三维立体类、点及文字、字体点、小模型等6类标绘元素。

7）飞行漫游：模拟两地之间飞行的漫游效果。

8）地图打印：一键式实现系统截屏及打印。

（4）地球特效配置

设置地球的特效效果，包括光照、星空、太阳、时间轴等，如图7-16所示为开启地球光照特效效果。

图7-16　地球光照特效显示

（5）基本工具

球上基本工具见表7-5。

表7-5　球上基本工具

名称	图标	功能描述
调整三维球视角		变换三维球视角
恢复初始视角		将三维球视角还原至最初状态
视角放大与缩小		调整视角距地高度，实现视角放大与缩小
二三维视图转换		可将视图切换为二维视图、三维视图和哥伦布视图
全屏		系统全屏展示
帮助		鼠标或触摸操作描述

4. 系统管理

系统管理模块可查看系统版权信息，以及修改用户信息，进行个性化设置等操作，如图7-17所示。

图 7-17　系统管理

7.2　灾害现场核心灾情信息快速提取子系统

7.2.1　系统设计

1. 总体设计

针对灾害应急响应动态决策需求，地震地质灾害、气象水文灾害行业特点，灾情信息提取子系统提供给用户从遥感影像中自动提取各种灾情目标信息的有效方法和工具，其提取的灾情信息是后续灾情分析和灾情产品生产的前提。研究倒塌建筑物信息提取、损毁道路信息提取、洪水淹没范围提取、溃坝决口信息提取技术。

灾害现场信息快速提取子系统软件架构如图7-18所示，连接线表示模块的调用关系。

数据层，拟采用关系数据库对项目中涉及的各种多源异构数据进行组织和管理。包括存储各类原始探测数据的原始数据库，以及用于存储用户信息、日志信息等系统数据库。

业务层，主要包含实现系统各项功能所需的各种算法和各种数据操作和数据呈现手段。包括各种灾情信息的提取方法。

表示层，即用户界面（user interface，UI）层，用于实现数据展示和用户交互。包括灾情信息提取和数据查询。

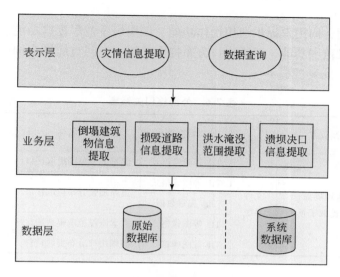

图 7-18 软件系统架构设计

2. 功能设计

灾害现场信息快速提取子系统主要包括灾情数据管理功能、灾情信息提取功能及图层浏览设置功能。

灾情数据管理功能有以下两个：灾情数据以及基础地理信息数据的加载、数据图层的移除。

灾情信息提取功能有以下四个：倒塌建筑物信息提取、损毁道路信息提取、洪水淹没范围提取、溃坝决口信息提取。倒塌建筑物信息提取，针对标记的震前遥感影像提取房屋建筑，针对标记的震后高分辨率遥感影像提取房屋建筑震害信息。损毁道路信息提取，针对标记的震前遥感影像提取主要道路，针对标记的震后高分辨率遥感影像提取主要道路震害信息。洪水淹没范围提取，针对标记的震后遥感影像提取洪水淹没范围。溃坝决口信息提取，针对标记的震后遥感影像提取溃坝决口。

图层浏览设置功能有以下六个：拉框放大、拉框缩小、平移、全图显示、选择元素及数据查看。

3. 角色设计

根据需求分析，本系统将用户角色全部为普通用户角色，即所有用户享受统一的系统权限。

4. 接口设计

系统接口设计主要包括内部接口设计和外部接口设计。

内部接口方面，各模块之间采用函数调用、参数传递、返回值的方式进行信息传递。接口传递的信息将是以数据结构封装了的数据，以参数传递或返回值的形式在各模块间传输。

外部接口方面，向用户提供通用操作功能、倒塌房屋范围提取功能、道路损毁分布提取功能、洪水淹没范围功能、溃坝决口分布提取功能、空间与属性查询以及一些辅助功能的接口操作页面，见表7-6。

表7-6 外部接口关系表

调用方	接收方	接口类型	接口数据格式	接口名称	接口函数名称
用户	灾害现场信息快速提取子系统	文件系统	TIF 等图像格式	倒塌房屋范围提取接口	无
			TIF 等图像格式	道路损毁分布提取接口	无
			shp 矢量数据		
			TIF 等图像格式	洪水淹没范围提取接口	无
			TIF 等图像格式	溃坝决口分布提取接口	无

7.2.2 系统展示

1. 倒塌房屋范围提取

在 Ribbon 菜单栏选择倒塌房屋范围提取。通过单击浏览，选择本电脑中需提取倒塌房屋范围的 TIF 影像文件，然后单击下一步，计算机自动提取倒塌房屋范围，如图 7-19 所示。

图 7-19　倒塌房屋范围提取欢迎界面

"倒塌房屋范围提取向导"对话框弹出，提取倒塌房屋信息，正在利用 SegNet 神经网络模型从指定的影像中提取倒塌房屋信息，如图 7-20 所示。

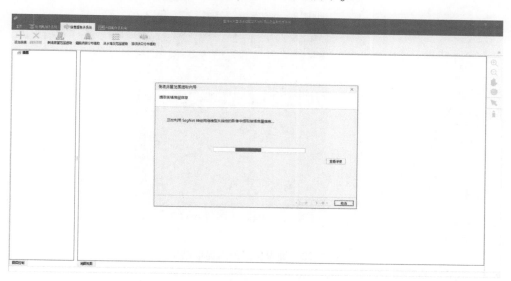

图 7-20　倒塌房屋范围提取进度对话框

在选择下一步后，系统提示"提取成功，已成功从影像中提取房屋信息"，如图 7-21 所示。

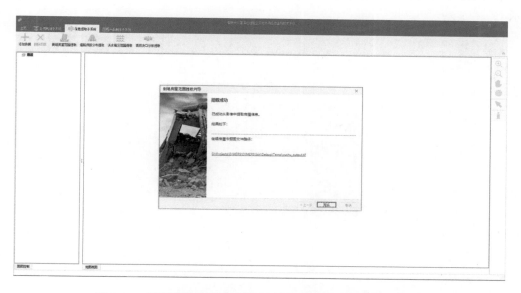

图 7-21　倒塌房屋范围提取成功对话框倒塌房屋范围提取结果

倒塌房屋信息提取结果，如图 7-22 所示。

图 7-22　倒塌房屋范围提取结果

2. 道路损毁分布提取

在 Ribbon 菜单栏选择道路损毁分布提取。通过单击浏览，选择本电脑中需提取道路损毁分布的 TIF 影像文件，然后单击下一步，计算机自动提取道路损毁分布范围，如图 7-23 所示。

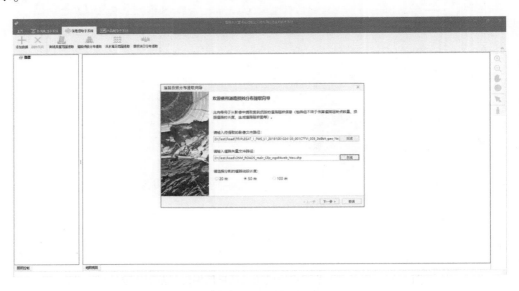

图 7-23　道路损毁分布提取影像输入界面

"道路损毁分布提取向导"弹出对话框，提取道路损毁信息，系统正在进行数据预处理，如图 7-24 所示。

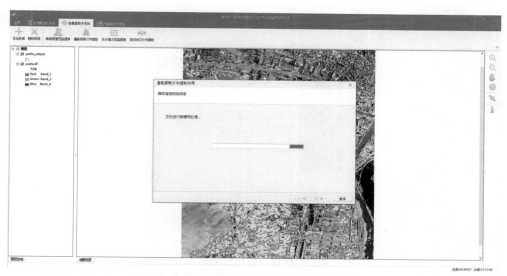

图 7-24　道路损毁信息提取数据预处理对话框

在选择下一步后，"道路损毁分布提取向导"弹出对话框，系统提示"正在利用 CNN 神经网络模型从指定的影像中提取道路信息"，如图 7-25 所示。

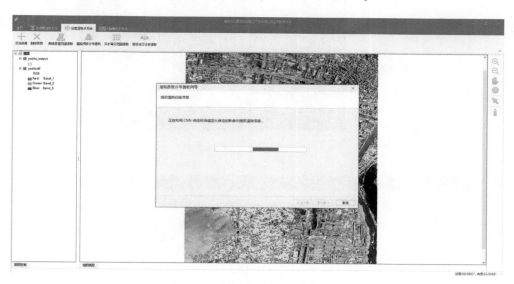

图 7-25　道路损毁信息提取对话框

在选择下一步后，系统提示"提取成功，已成功从影像中提取道路信息"，如图 7-26 所示。

道路损毁信息提取结果，如图 7-27 所示。

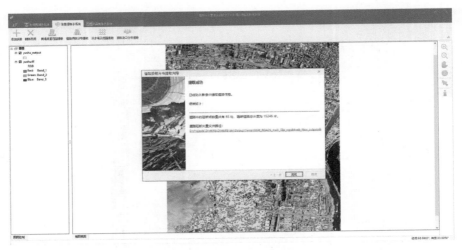

图 7-26　道路损毁信息提取成功对话框

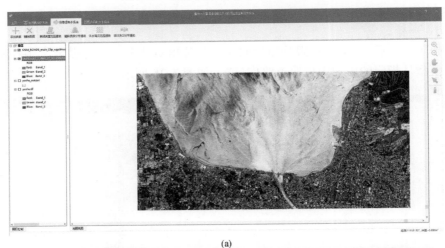

(a)

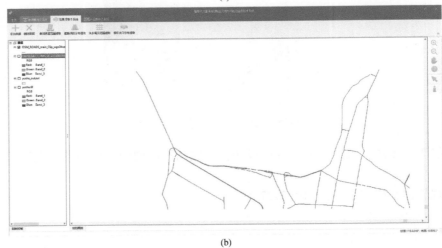

(b)

图 7-27　道路损毁信息提取结果

3. 洪水淹没范围提取

在 Ribbon 菜单栏选择洪水淹没范围提取。通过单击浏览，选择本电脑中需提取洪水淹没范围的 TIF 影像文件，然后单击下一步，计算机自动提取洪水淹没范围，如图 7-28 所示。

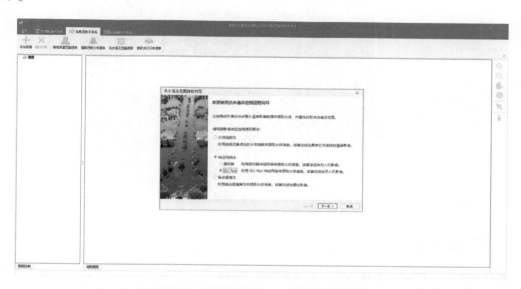

图 7-28　洪水淹没范围提取影像类型选择对话框

"洪水淹没范围提取向导"对话框弹出，机载 SAR 影像提取，选择输入和输出文件，如图 7-29 所示。

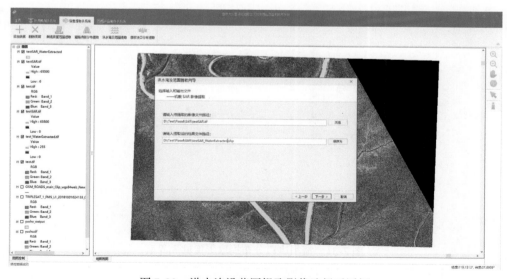

图 7-29　洪水淹没范围提取影像选择对话框

洪水淹没范围提取结果，如图 7-30 所示。

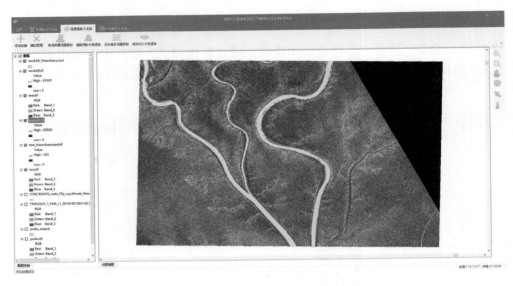

图 7-30　洪水淹没范围提取结果

4. 溃坝决口分布提取

在 Ribbon 菜单栏选择溃坝决口分布提取。通过单击浏览，选择本电脑中需溃坝决口分布提取的 TIF 影像文件，然后单击下一步，计算机自动提取溃坝决口分布，如图 7-31 所示。

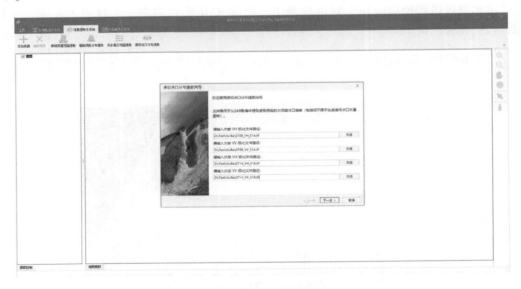

图 7-31　溃坝决口分布提取影像输入界面

在选择下一步后,"溃坝决口分布提取向导"对话框弹出,提取溃坝决口信息,正在提取溃坝决口信息,如图 7-32 所示。

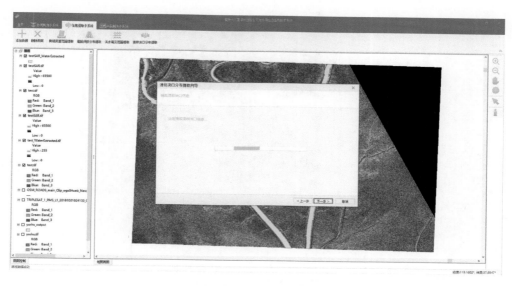

图 7-32　溃坝决口分布提取进度对话框

在选择下一步后,系统提示"提取成功,已成功从影像中提取溃坝/决口信息,溃坝/决口矢量文件路径",如图 7-33 所示。

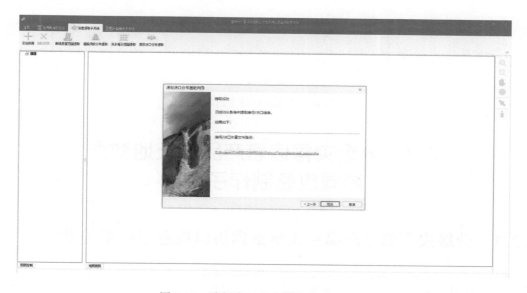

图 7-33　溃坝决口分布提取成功对话框

溃坝决口分布提取结果,如图 7-34 所示。

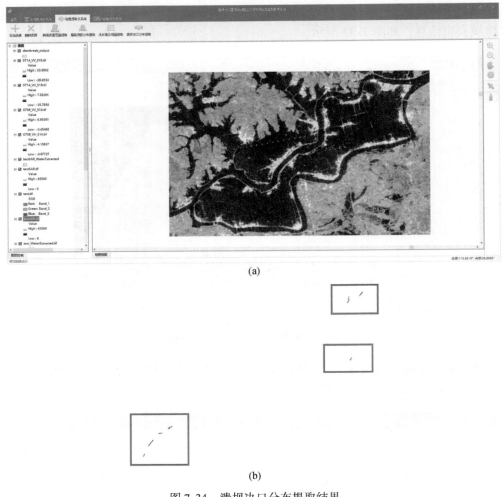

(a)

(b)

图 7-34　溃坝决口分布提取结果

7.3　分级灾害信息产品空天地数据协同应急制作子系统

7.3.1　分级灾害信息产品空天地数据协同应急制作系统设计

1. 总体设计

针对灾害应急响应动态决策需求，结合地震、洪水、台风等不同灾害类型及其相关背景信息产品和灾害信息产品的特点，研究分级产品自动化、半自动化快速制作技术，以及融合空天地一体化数据源的分级灾害信息产品应急制作系统软件模块，以辅助分级灾害信息产品的高效快速成图。

分级灾害信息产品空天地数据协同应急制作子系统软件架构层次如图 7-35 所示，连接线表示模块的调用关系。

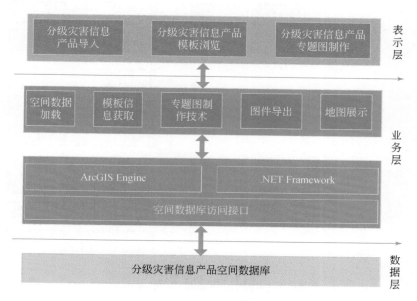

图 7-35　软件架构

数据层采用空间数据库对项目所涉及的灾害背景信息数据、概要灾情信息数据、核心灾情信息数据进行存储与组织管理。

业务层包含实现分级灾害信息产品图件应急制作所需的各种算法模块和数据操作模块。

表示层即用户界面层，用于呈现分级灾害信息产品图件并实现人机交互。

2. 功能设计

分级灾害信息产品空天地数据协同应急制作子系统主要包含三个核心功能模块：灾害信息产品导入、模板浏览、专题图制作。具体功能如图 7-36 所示。

3. 角色设计

本系统采用单一用户角色设计，所有用户均享受统一的系统访问权限和操作权限。这种权限管理模式的优点是简单明了，易于系统维护和用户使用。但从安全性和灵活性角度考虑，也存在一定的不足。

4. 接口设计

该系统接口设计主要包括两方面：内部接口设计和用户接口设计。

内部接口设计：①采用面向对象设计理念，将系统功能模块封装为类，并通过定义公共接口实现模块间的交互。②模块间的信息传递通过函数调用、参数传递、返回值等方式实现。③传递的信息将采用数据结构进行封装，以参数或返回值的形式在模块间传输。

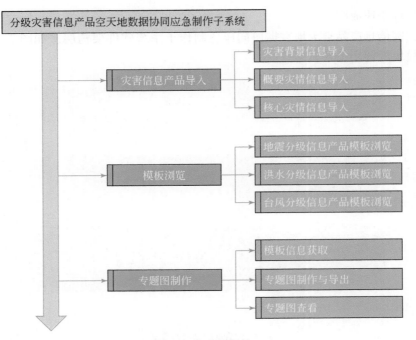

图 7-36　功能架构

　　用户接口设计：①面向系统最终用户，提供直观友好的图形用户界面（graphical user interface，GUI）。②用户可通过界面执行如下核心操作：分级灾害信息产品数据导入，预设产品模板浏览及自定义修改，基于多源数据的专题制图分析。③界面设计将遵循人机交互设计原则，提供高效、一致的用户体验。

　　该系统接口设计遵循模块化、封装和隔离的原则，内部接口实现了系统内部模块间的高内聚低耦合，用户接口则提供了直观、人性化的交互体验，两者共同确保了整个系统功能的高效实现和可维护性，见表 7-7。

表 7-7　外部接口关系表

调用方	接收方	接口类型	接口数据格式	接口名称	接口函数名称
用户	分级灾害信息产品空天地数据协同应急制作子系统	文件系统	shp 矢量数据	分级灾害信息产品导入接口	无
			MXD 模板文件	分级灾害信息产品模板浏览接口	无
			MXD 模板文件	分级灾害信息产品专题图制作接口	无

7.3.2　系统展示

1. 基本信息

分级灾害信息产品空天地数据协同应急制作系统是基于 ArcGIS Engine 二次开发的 Microsoft. NET Framework 架构下的 C/S 软件系统，其重要功能涵盖了灾害信息产品的导入、灾害信息产品的预览以及灾害信息专题图的制作。其用户界面如图 7-37 所示。本系统在软件的界面设计注重简洁实用性与操作的易用性。为了保障界面布局合理分区，操作逻辑清晰流畅，为用户提供高效友好的交互体验，其主界面包含以下几个功能区。

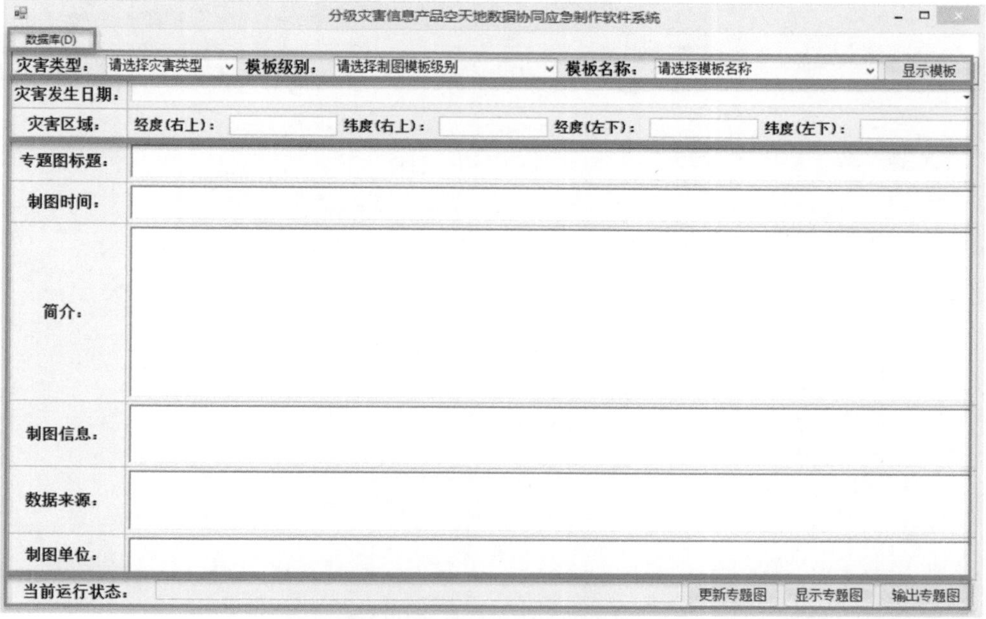

图 7-37　分级灾害信息产品空天地数据协同应急制作系统用户界面

1）数据导入区：该区域提供了快速导入融合空天地一体化的多源异构空间数据（如遥感影像数据和实地观测数据）的功能入口，支持批量导入和增量更新，满足大数据管理需求。

2）灾害信息产品模板选择及预览：集成了多种预设的分级灾害制图模板，用户可在该区直观预览不同模板的样式和布局，并选择适合灾情的模板快速制图。模板可支持个性化定制。

3）灾害事件属性设置区：用于设置所需处理的灾害事件类型、发生时间范围和空间区域范围等关键参数，方便系统快速定位和提取所需数据。

4）灾情信息及专题制图信息编辑区：提供了一系列表单控件，用户可在此区域方便地录入或编辑当前灾情信息和专题图件所需的相关文字、数值等属性信息，这些信息将汇总体现在最终的制图产品中。

5）任务状态展示区：实时显示当前所执行功能的进度和状态，方便用户掌控制图任务执行进展，也有利于错误诊断和修复。

总的来说，该界面布局合理、元素分工明确、视觉整洁，操作流程顺畅自然，能够高效指导用户顺利完成各项制图任务，有利于提升用户的使用感受。

2. 灾害信息产品导入

灾害信息产品导入模块包括灾害背景信息导入、概要灾情信息导入和核心灾情信息导入三个子模块，如图 7-38 所示。

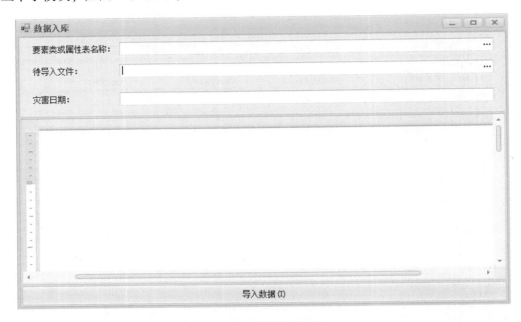

图 7-38　灾害信息产品导入

1）灾害背景信息导入子模块：用于导入和管理支持表达灾害背景信息的基础数据。可以支持从本地导入矢量（如全国河网、路网等）或栅格（卫星影像等）格式的灾害背景信息文件到空间数据库，以灾害背景信息栅格数据集或灾害背景信息要素类。

2）概要灾情信息导入子模块：用于导入和管理灾情概要的数据（如洪水淹没范围、地震烈度等级等）。可以支持从本地导入矢量格式的概要灾情信息文件到空间数据库概要灾情信息要素类。

3）核心灾情信息导入子模块：用于导入和管理核心灾情的数据（如倒塌房屋、损毁道路等），可以从本地导入矢量格式的核心灾情信息文件到空间数据库核心灾情信息要素类。

选择数据库菜单导入后，可以进行灾害信息产品导入空间数据库操作。灾害背景信息导入、概要灾情信息导入和核心灾情信息导入使用相同的流程进行入库操作。选择空间数据库目标要素类/属性表、本地 shp 格式灾害信息产品以及灾害发生日期后，单击导入数据就可以完成数据入库工作，入库过程中提示信息会显示在界面中，其中错误信息会以红色字体显示。

3. 灾害信息产品预览

模板浏览模块包括地震灾害分级信息产品模板浏览、洪水灾害分级信息产品模板浏览、台风灾害分级信息产品模板浏览三个子模块。不同的子模块根据灾害信息产品定制的不同级别也支持分级（0级背景信息产品、1级概要灾情信息产品、2级核心灾情信息产品）的可视化展示。同时，因灾情的影响范围不同，灾害分级信息产品模板分为横板和竖版，本系统均可支持不同板式的浏览与制图。

具体操作中，用户可通过下拉框依次选择灾害类型、模板级别与模板名称，单击显示模板就可以在地图界面中显示当前模板，如图7-39所示。

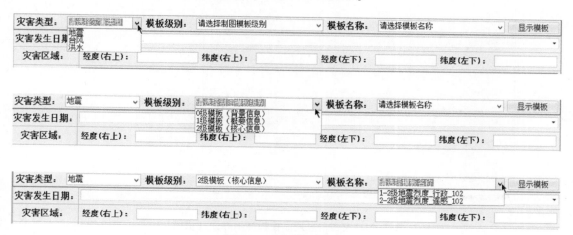

图7-39　制图模板浏览

在模板的浏览中，支持三级模板动态添加与更新，系统自动遍历所有模板文件，用户可根据实际发生灾情选择合适的地震灾害信息产品模板进行预览。系统读入的地震分级信息产品模板文件模板以MXD格式存储管理，如图7-40所示。

4. 灾害信息专题制图

灾害信息专题图制作模块包括灾情信息编辑、专题图制作与导出、专题图查看三个子模块。

1）灾情信息编辑子模块：可编辑的灾情信息包括专题图名称、灾情简介、制图信息、制图时间、数据来源、制图单位等，用户可以根据实际灾情及其发展进行实时编辑修改。

2）专题图制作与导出子模块：基于制图模板，根据用户指定的灾害范围，编辑的灾害信息标题、简介、制图信息、制图时间、数据来源、制图单位等信息，自动生成灾情信息专题图，并导出为通用图像格式和MXD格式制图文件。

3）专题图查看子模块：用户可以在系统中对基于灾情信息生成的MXD格式专题图进行浏览。

具体操作中，用户首先选择专题图制作所需模板，步骤同模板浏览。选择完成后系统将自动获取并显示模板信息制图元素；其次根据待制图灾情对模板相关信息进行更新。主要包括灾害发生日期、范围以及灾情描述信息等，如图7-41所示。更新灾情信息后，可以单击更新专题图，实现应急产品的快速制作。单击显示专题图可将更新后专题图在地图中显示，如图7-42所示。输出专题图可以将最终的应急产品图件输出。输出结果包含可以进行进一步调整修改的MXD工程文件及JPG格式通用图像图件，如图7-43所示。

图 7-40　灾害信息产品模板显示界面（横板）

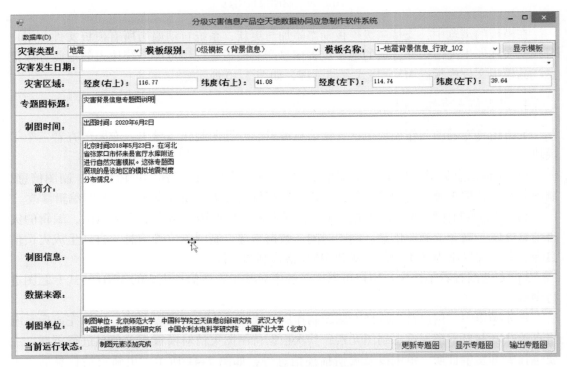

图 7-41　制图模板图幅元素输入界面

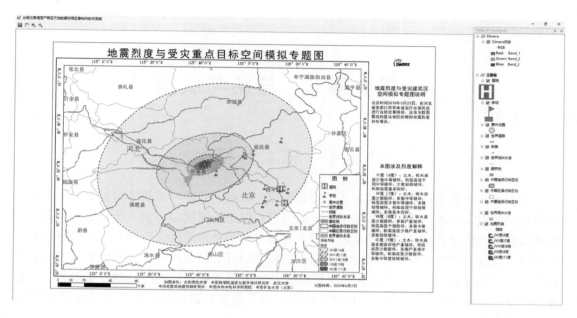

图 7-42　灾害应急图件显示

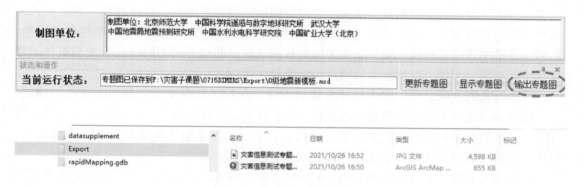

图 7-43　灾害应急图件输出

第8章 总结与展望

8.1 总 结

本书面向加强重特大灾害及灾害链应急响应、抢险、救援与搜救等国家突发事件应急体系建设的重大需求，系统开展了空天地监测资源应急协同规划、无人机应急监测的空间抽样获取、灾情遥感信息的快速提取，以及灾害分级信息产品的应急制作等关键技术和方法研究，填补了我国重特大灾害空天地协同监测领域部分研究空白，能够实现重特大自然灾害发生后 1h 内完成自主可控卫星资源调度规划和空天地应急协同监测方案制定，在国家启动 II 级及以上应急响应后，1h 内完成灾场背景信息产品制作，亚米级数据获取后 2h 内完成灾害信息产品制作。

在空天地监测资源协同规划总体设计方面，针对空天地多源遥感观测平台对重大自然灾害进行协同观测的应用趋势，从救灾与灾情评估应用需求出发，通过对我国现有空天地观测资源的充分调研，提出了高中低轨多星协同、航天与无人机协同、遥感与台站协同、多时空分辨率传感器协同方案，建立了协同观测流程；通过不同协同模式下观测事件的建模与协同求解，实现了观测资源协同观测的组合优化。

在重特大灾害应急驱动的多星任务规划方面，首先，对多星任务规划问题进行描述，并考虑任务合成的多星任务规划问题求解过程；接着，对比分析了已有的多星观测任务处理算法、规划模型和求解算法的优势与不足；最后，根据重特大灾害应急响应观测需求，提出了改进的时间优先和质量优先维修规划模型求解算法。

在重特大灾害应急响应的无人机空间抽样方面，首先，对重特大灾害灾情要素观测区域空间特点开展分析，包括观测区域空间特点分析和空间尺度对应关系；接着，构建无人机资源分布信息库，提出灾害响应的无人机任务规划总体思路；然后，开展无人机空间抽样模型和航线优化布设研究；最后，结合不同灾种及不同应用场景，以及交通、气象等条件筛选不同无人机同时需要搭载不同的传感器配置方案，实现第一时间优化配置选择和任务航线角度合理设置。

在基于成像机理的重特大灾害目标特征构建及灾情要素快速提取技术方面，对结合空天地协同监测资源不同传感器成像机理、指标参数、数据特点，从光谱、形态、纹理、空间分布等不同方面，开展应急响应与救援决策的核心灾害目标遥感特征分析。在此基础上将多种特征识别的算法同机器学习等技术手段紧密结合，通过融入先验知识和数据同化方法，提高地表灾害要素和高价值时敏目标检测精度，攻克多场景、多尺度条件下倒塌房屋、主干道路阻、洪水淹没范围、防洪工程损毁（溃坝决口）分布等核心灾情要素快速提取技术。

在重特大灾害应急分级信息产品制作方面，调研了国内外灾害信息产品及应急制作技术，收集、整理、研究、综合灾害信息产品制作样例，结合我国不同灾害的应急及减灾救灾特点，结合野外综合实验的检验结果，形成了适应我国减灾救灾业务应急产品制作需求的标准模板库，构建了分灾种的灾害背景信息（0 级）、概要灾情信息（1 级）和核心灾情信息（2 级）产品空天地数据协同应急组合制作模板，构建了模板库和要素模块，创新性地设计了分灾种分级信息产品模板体系。

在重特大灾害空天地协同应急监测系统研制方面，开发了基于 B/S 架构的空天地监测资源协同规划子系统，包括卫星过境预报、二三维一体化显示、指定图层显示、多星资源状态显示，完成卫星轨道参数获取、轨道计算、过境预报、结果展示，以及无人机导航、卫星云图显示、系统自动生成空天地协同监测方案等功能。开发了包含倒塌房屋范围、道路损毁分布、洪水淹没范围及溃坝决口分布等灾害现场核心灾情信息快速提取子系统，实现在获得灾害现场监测数据后，高效完成灾情信息提取和分析的能力。开发了分级灾害信息产品空天地数据协同应急制作子系统，与分灾种分级模板进行匹配，实现分灾种分级产品半自动化应急快速制作和应用服务。

8.2 展　望

近年来，全球暖化日益加重，极端气候事件导致重特大水文气象灾害频繁发生，全球重特大灾害有发展加剧的趋势，需要更加重视重特大灾害的突发性和复杂性，对空天地协同监测技术的精度和时效性提出更高的要求，推动重特大灾害应急响应相关技术的发展。

目前，发达国家相继制定并实施了相关规划，积极推进防灾减灾手段从单一到综合、从综合到空间信息基础设施的发展跨越，持续促进国家和地区间空间信息基础设施的整体性发展，多次在应对自然灾害中发挥了重要的作用。

我国通过"十三五"及"十四五"期间相关重点研发计划的支持，以及相关业务部门的推广应用，在重特大灾害的空天地协同监测及综合防灾减灾方面，相关技术方法和信息平台已经取得了显著的进步，但与应急工作的实际需求之间仍存在较大的差距，迫切需要进一步完善国家自然灾害空间信息基础设施建设。

1）推动自然灾害空间科学技术及应用水平的持续发展，满足我国综合防灾减灾能力的提升需求。

自然灾害孕灾、成灾和灾害链传递机理复杂，对自然灾害观测手段提出多样性、综合性和连续性的要求。迫切需要探索自然灾害诱发机理，提升自然灾害预测、预报与预警能力；迫切需要推动具有"三超"（超高敏捷、超高稳定、超高精度）、"三智"（智能复合控制、智能图像处理、智能自主规划）等卫星智能观测技术的发展；迫切需要形成并持续提升多源空间信息获取和综合处理能力；迫切需要建立并完善自然灾害空间科学技术体系，促进我国综合防灾减灾应用水平的全面提升。

2）完善我国多源应急数据共享服务机制，实现空天地观测资源一体化协同快速获取，满足重特大灾害应急响应需求。

从国家安全和战略全局的高度出发，急需完善我国应急观测数据共享机制、及时推送机制、信息服务机制，实现重特大灾害应急时各类信息产品快速获取、快速处理和高效应用。针对不同灾种，制定我国卫星、航空、地面观测数据协同获取标准规范，完成国家层面的顶层设计，促进公益、商业应急资源紧耦合，形成高频次、多载荷、全天时、全天候的空天地一体化应急观测网络，更好地服务重特大灾害应急救援指挥决策。

3）充分利用国际资源，形成互援互助的有利局面，进一步提升我国国际地位。

同欧美发达国家相比，我国人口密集、灾害频发。迫切需要充分利用国际资源，加快提升我国防灾减灾整体水平；迫切需要促进防灾减灾领域的国际合作与交流，形成互援互助的有利局面；迫切需要发挥我国相关优势，履行大国职责，进一步提升我国的国际地位。

参 考 文 献

白保存.2008.考虑任务合成的成像卫星调度模型与优化算法.长沙:国防科学技术大学博士学位论文.

白保存,徐一帆,贺仁杰,等.2010.卫星合成观测调度的最大覆盖模型及算法研究.系统工程学报,25
(5):8.

柏延臣,王劲峰.2003.遥感信息的不确定性研究:分类与尺度效应模型.北京:地质出版社.

曹云刚,刘闯.2006.EnviSat ASAR 数据在水情监测中的应用.地理与地理信息科学,22(2):3.

陈利顶,刘洋,吕一河,等.2008.景观生态学中的格局分析:现状、困境与未来.生态学报,28(11):
5521-5531.

陈英武,白保存,贺仁杰,等.2008.遥感卫星任务规划问题研究现状与展望.飞行器测控学报,27
(5):8.

陈志国.2017.高分辨率 SAR 卫星影像洪水区域提取应用研究.武汉:武汉大学硕士学位论文.

丁军,王丹.1995.用于震害研究的遥感资料航摄与影像图制作技术.国土资源遥感,(4):56-62.

董建国.2008.航空摄影技术在地震灾害监测与评估中的应用.地域研究与开发,27(4):117-119.

范一大,吴玮,王薇,等.2016.中国灾害遥感研究进展.遥感学报,20(5):1170-1184.

冯涛,张亚军,江南,等.2010.基于模板的专题制图数学模型构建和应用.测绘工程,19(6):35-38.

傅伯杰,徐延达,吕一河.2010.景观格局与水土流失的尺度特征与耦合方法.地球科学进展,25(7):
673-681.

郝会成.2013.敏捷卫星任务规划问题建模及求解方法研究.哈尔滨:哈尔滨工业大学博士学位论文.

何艳芬,张柏,刘志明.2007.土地景观格局、动态对农业旱灾的影响研究.农业系统科学与综合研究,
23(1):69-73.

和海霞,武斌,李儒,等.2018.面向自然灾害应急的卫星协同观测策略研究.航天返回与遥感,39
(6):91-101.

黄猛,张震,丰继林,等.2010.我国灾害类符号标准化的认知研究.防灾科技学院学报,12(1):
142-145.

贾诗超,薛东剑,李成绕,等.2019.基于 Sentinel-1 数据的水体信息提取方法研究.人民长江,50(2):
213-217.

江南,夏丽华,薛本新.2006.GIS 中空间信息多种地图显示模式的研究.测绘科学技术学报,23(3):
157-160.

姜成晟,王劲峰,曹志冬.2009.地理空间抽样理论研究综述.地理学报,64(3):369.

姜维,郝会成,李一军.2013.对地观测卫星任务规划问题研究述评.系统工程与电子技术,35(9):
1878-1885.

巨袁臻.2017.基于无人机摄影测量技术的黄土滑坡早期识别研究.成都:成都理工大学硕士学位论文.

冷英,李宁.2017.一种改进的变化检测方法及其在洪水监测中的应用.雷达学报,6(2):204-212.

黎深根,陈仲林,宋磊,等.2019.Ku 波段微波无线输能系统技术研究.微波学报,35(4):56-61.

李加林,曹罗丹,浦瑞良.2014.洪涝灾害遥感监测评估研究综述.水利学报,45(3):253-260.

李建,周屈,陈晓玲,等.2018.近岸/内陆典型水环境要素定量遥感空间尺度问题研究.武汉大学学报

（信息科学版），43（6）：937-942.

李景刚，黄诗峰，李纪人 . 2010. ENVISAT 卫星先进合成孔径雷达数据水体提取研究——改进的最大类问
　　方差阈值法 . 自然灾害学报，19（3）：139-145.

李军 . 2013. 空天资源对地观测协同任务规划方法 . 长沙：国防科学技术大学博士学位论文 .

李胜阳，许志辉，陈子琪，等 . 2017. 高分 3 号卫星影像在黄河洪水监测中的应用 . 水利信息化，（5）：
　　22-26.

李晓丽，李志强，黄猛，等 . 2010. 地震灾情符号的初步研究 . 自然灾害学报，（2）：147-154.

刘方舟，周游，陶建华 . 2011. 用 CART 模型指导 TBL 算法预测语调短语 . 全国人机语音通讯学术会议，
　　西安 .

吕一河，陈利顶，傅伯杰 . 2007. 景观格局与生态过程的耦合途径分析 . 地理科学进展，26（3）：1-10.

孟章荣 . 1996. 各种颜色模型选用需求分析 . 中国图象图形学报：A 辑，1（3）：238-241.

牛晓楠 . 2018. 基于遗传算法的灾害应急多星动态任务规划方法 . 地理与地理信息科学，34（5）：126.

潘清，廖育荣 . 2010. 快速响应空间概念与研究进展 . 北京：国防工业出版社 .

裴亚军 . 2014. 滇东南石漠化多尺度遥感监测的精度评价研究 . 昆明：昆明理工大学硕士学位论文 .

彭大雷，许强，董秀军 . 2017. 基于高精度低空摄影测量的黄土滑坡精细测绘 . 工程地质学报，25（2）：
　　424-435.

彭建，刘焱序，潘雅婧，等 . 2014. 基于景观格局—过程的城市自然灾害生态风险研究：回顾与展望 . 地
　　球科学进展，29（10）：1186-1196.

孙亚夫，杜道生，周勇前 . 1998. 基于模板技术的专题制图 . 武汉大学学报（信息科学版），（2）：171-174.

孙亚勇，黄诗峰，李纪人，等 . 2017. Sentinel-1A SAR 数据在缅甸伊洛瓦底江下游区洪水监测中的应用 .
　　遥感技术与应用，32（2）：282-288.

汪权方，孙佩，王新生，等 . 2017. 基于洪水过程的农业洪灾变化遥感快速评估模型及其应用 . 长江流域
　　资源与环境，26（11）：1831-1842.

王福涛，王世新，周艺，等 . 2011. 多光谱遥感在重大自然灾害评估中的应用与展望，光谱学与光谱分
　　析，31（3）：577-582.

王俊 . 2017. 长江洪水监测预报预警体系建设与实践——以 2017 年长江 1 号洪水预报为例 . 中国水利，
　　14：8-10.

王凯丽，张艳红，肖斌，等 . 2018. 一种基于二维局部二值模式的纹理图像分类方法 . 电子学报，10：
　　2519-2526.

王沛，谭跃进 . 2008. 卫星对地观测任务规划问题简明综述 . 计算机应用研究，25（10）：2893-2897.

魏成阶，王世新 . 1998. 遥感技术在中国洪涝灾害监测评估中的作用 . 中国科学院院刊，13（6）：
　　443-447.

伍崇友 . 2006. 面向区域目标普查的卫星调度问题研究 . 长沙：国防科学技术大学硕士学位论文 .

辛红梅，张杰，王常颖，等 . 2012. 一种基于景观格局的卫星遥感海岛自然灾害风险评价方法 . 海洋学
　　报，34（1）：90-94.

熊金国，王世新，周艺，等 . 2010. 不同指数模型提取 ALOS AVNIR-2 影像水体敏感性和精度分析 . 国土
　　资源遥感，（4）：46-50.

熊金国，王世新，周艺，等 . 2011. 利用景观格局指数的空间分辨率对水域面积提取影响的分析 . 武汉大
　　学学报·信息科学版，39（1）：98-103.

徐鹏杰，邓磊 . 2011. 遥感技术在减灾救灾中的应用 . 遥感技术与应用，26（4）：512-519.

杨庚印 . 2011. 应急地图测绘生产体系的研究与应用 . 测绘通报，（1）：78-81.

杨思全 . 2005a. 空间信息技术在法国减灾工作中的应用（一）法国卫星遥感技术的发展及应用 . 中国减

灾，（4）：48-50.

杨思全 . 2005b. 空间信息技术在法国减灾工作中的应用（二）卫星遥感技术在减灾领域的应用动态 . 中国减灾，（5）：46-48.

杨思全 . 2018. 灾害遥感监测体系发展与展望 . 城市与减灾，4（6）：12-19.

姚宇婕，陈毓芬 . 2011. 引导型专题地图制作模式研究 . 测绘科学与工程，（1）：42-46.

尹业彪，李霞，石瑞花，等 . 2008. 基于 ALOS 数据 3 种插值方法对比分析 . 新疆农业大学学报，31（6）：46-49.

余婧 . 2011. 空天对地观测资源协同任务规划关键技术研究 . 长沙：国防科学技术大学硕士学位论文 .

张辉，许新宜，张磊，等 . 2011. 2000 ~ 2010 年我国洪涝灾害损失综合评估及其成因分析 . 水利经济，29（5）：5-9.

张亮 . 2007. GB/T10001《标志用公共信息图形符号》系列标准回顾及展望 . 广告大观：标识版，（3）：73-76.

张淑杰 . 2005. 洪涝灾害遥感监测与灾情评价方法研究 . 南京：南京信息工程大学硕士学位论文 .

张涛，刘威，王锐，等 . 2024. 考虑无线充电的无人机路径在线规划 . 控制理论与应用 . 41（1）：30-38.

张薇，杨思全，土磊，等 . 2012. 合成孔径雷达数据减灾应用潜力研究综述 . 遥感技术与应用，27（6）：904-911.

张雪颖，余晓松，郭勇，等 . 2009. 汶川 5·12 地震陕西灾情专题地图的设计与编制 . 测绘技术装备，11（4）：36-39.

赵裴，时信华 . 2013. 面向洪水灾害遥感监测的多星观测调度方法 . 科学技术与工程，13（2）：528-533.

赵鑫 . 2016. 肇庆市西江洪水监测预警平台设计与实现 . 成都：电子科技大学硕士学位论文 .

周成虎 . 1993. 洪涝灾害遥感监测研究 . 地理研究，12（2）：63-68.

周海燕，华一新 . 2000. GIS 中定量专题制图模板的研究与实践 . 测绘通报，（10）：9-11.

朱博勤，魏成阶，张渊智 . 1998. 航空遥感地震灾害信息的快速提取 . 自然灾害学报，7：34-39.

朱自娟，张怀清，刘金鹏 . 2018. 结合 LBP 变换的 GF 影像纹理特征提取 . 测绘科学，1-9.

Adam S, Wiebe J, Collins M, et al. 1998. RADARSAT flood mapping in the Peace- Athabasca Delta, Canada. Canadian Journal of Remote Sensing, 24（1）：69-79.

Alighanbari M. 2004. Task assignment algorithms for teams of UAVs in dynamic environments. Cambridge：Massachusetts Institute of Technology.

Atkinson M L. 2003. Contract nets for control of distributed agents in unmanned air vehicles. 2nd AIAA "Unmanned Unlimited" Systems, Technologies, and Operations- Aerospac. San Diego, California.

Atkinson P M, Aplin P. 2004. Spatial variation in land cover and choice of spatial resolution for remote sensing. International Journal of Remote Sensing, 25（18）：3687-3702.

Bellingham J, Tillerson M, Richards A, et al. 2003. Multi- Task Allocation and Path Planning for Cooperative UAVs. Cooperative Control：Models, Applications and Algorithms. Boston：Kluwer Academic Publishers.

Benson B J, MacKenzie M D. 1995. Effects of sensor spatial resolution on landscape structure parameters. Landscape Ecology, 10（2）：113-120.

Bian L, Walsh S J. 1993. Scale dependencies of vegetation and topography in a mountainous environment of Montana. The Professional Geographer, 45（1）：1-11.

Bian L, Butler R. 1999. Comparing effects of aggregation methods on statistical and spatial properties of simulated spatial data. Photogrammetric Engineering and Remote Sensing, 65（1）：73-84.

Bianchessi N, Cordeau J F, Desrosiers J, et al. 2007. A heuristic for the multi- satellite, multi- orbit and multi- user management of Earth observation satellites. European Journal of Operational Research, 177（2）：

750-762.

Biggin D S, Blyth K. 1996. A comparison of ERS-1 satellite radar and aerial photography for river flood mapping. Journal of the Chartered Institution of Water and Environmental Management, 10 (1): 59-64.

Bilskie M V, Hagen S C, Medeiros S C, et al. 2014. Dynamics of sea level rise and coastal flooding on a changing landscape. Geophysical Research Letters, 41: 927-934.

Brown D T. 2001. Routing unmanned aerial vehicles while considering general restricted operating zones. Air Force Institute of Technology, Ohio, USA.

Cao C, Lam N S N. 1997. Understanding the scale and resolution effects in remote sensing and GIS//Quattrochi D A, Goodchild M F. Scale in Remote Sensing and GIS. Florida: CRC/Lewis Publishers.

Chen L C, Papandreou G, Schroff F, et al. 2017. Rethinking Atrous Convolution for Semantic Image Segmentation. Computer Vision and Pattern Recognition, (6): 17.

Chen Y, Tian F, Yang H, et al. 2020. Introduction of spatial and temporal distribution of typhoons from 1989 to 2018 and typical cases of disaster impact analysis. IGARSS 2020: 6886-6889.

Chollet F. 2017. Xception: Deep Learning with Depthwise Separable Convolutions. 30th IEEE/CVF Conference on Computer Vision and Pattern Recognition (CVPR), Honolulu, HI, IEEE.

Cracknell A P. 1998. Review article Synergy in remote sensing what's in a pixel? International Journal of Remote Sensing, 19 (11): 2025-2047.

de Cubber G, Balta H, Doroftei D, et al. 2014. UAS deployment and data processing during the balkans flooding. International Symposium on Safety, Security, and Rescue Robotics. Hokkaido, Japan: IEEE.

Deb K, Agrawal S, Pratap A, et al. 2000. A fast elitist non dominated sorting genetic algorithm for multi-objective optimization: NSGA-II. Proc of the Parallel Problem Solving from Nature VI Conf, Paris, 949-858.

Delin K A, Small E. 2009. The Sensor Web: Advanced Technology for Situational Awareness. New York: John Wiley & Sons, Inc.

Dymon U J. 2003. An analysis of emergency map symbology. International Journal of Emergency Management, 1 (1): 227-237.

Felzenszwalb P F. 2004. Efficient graph-based image segmentation. International Journal of Computer, 59: 167-181.

Feyisa G L, Meilby H, Fensholt R, et al. 2014. Automated Water Extraction Index: A new technique for surface water mapping using Landsat imagery. Remote Sensing of Environment, 140: 23-35.

Forster B C, Best P. 1994. Estimation of SPOT P-mode point spread function and derivation of a deconvolution filter. ISPRS Journal of Photogrammetry and Remote Sensing, 49: 32-42.

Frazzoli E, Bullo F. 2004. Decentralized algorithms for vehicle routing in a stochastic time-varying environment. Decision and Control, Conference on IEEE, 4: 3357-3363.

Gianinetto M, Villa P, Lechi G. 2006. Postflood damage evaluation using Landsat TM and ETM+ data integrated with DEM. IEEE Transactions on Geoscience and Remote Sensing, 44 (1): 236-243.

Gonalves J F, Mendes J J, Resende M G. 2008. A genetic algorithm for the resource constrained multi-project scheduling problem. European Journal of Operational Research, 189 (3): 1171-1190.

Goward S N, Davis P E, Fleming D, et al. 2003. Empirical comparison of Landsat 7 and IKONOS multispectral measurements for selected Earth Observation System (EOS) validation sites. Remote Sensing of Environment, 88 (11): 80-99.

Hay G J, Niemann K O, Goodenough D G. 1997. Spatial thresholds, image-objects and upscaling: A multi-scale evaluation. Remote Sensing of Environment, 62 (10): 1-19.

He H S, Ventura S J, Mladenof D M. 2002. Effects of spatial aggregation approaches on classified satelite imagery. International Journal of Geographical Information Science, 16 (1): 93-109.

Hlavka C A, Livingston G P. 1997. Statistical models of fragmented land cover and the effect of coarse spatial resolution on the estimation of area with satellite sensor imagery. International Journal of Remote Sensing, 18 (10): 2253-2259.

Hlavka C A, Dungan J L. 2002. Areal estimates of fragmented land cover: Effects of pixel size and model-based corrections. International Journal of Remote Sensing, 23 (4): 711-724.

Hofmann P, Strobl J, Blaschke T, et al. 2006. Detecting informal settlements from QuickBird data in Riode janeiro using an object-based approach. In Proceedings of the 1st International Conference on Object-based Image Analysis, Salzburg University, Salzburg, Austria, 2006, 4-5 July.

Horritt M S, Mason D C, Luckman A J. 2001. Flood boundary delineation from synthetic aperture radar imagery using a statistical active contour model. International Journal of Remote Sensing, 22 (13): 2489-2507.

Hu Z, Li Q, Zou Q, et al. 2016. A bilevel scale-sets model for hierarchical representation of large remote sensing images. IEEE Trans. Geoscience and Remote Sensing Letters, 54: 12.

Huang C, Townshend J R G, Liang S. 2002. Impact of sensor's point spread function on land cover characterization: Assessment and deconvolution. Remote Sensing of Environment, 80 (2): 203-212.

Ji L, Zhang L, Wylie B. 2009. Analysis of Dynamic Thresholds for the Normalized Difference Water Index. Photogrammetric Engineering & Remote Sensing, 75 (11): 1307-1317.

Jin Z, Tian Q, Chen J M, et al. 2007. Spatial scaling between leaf area index maps of different resolutions. Journal of Environmental Management, 85 (3): 628-637.

Johnson C L. 2003. Inverting the control Ratio: Human control of large autonomous teams. The International Conference on Autonomous Agents and Multi-Agent Systems, Melbourne, Australia.

Ju J C, Gopal S, Kolaczyk E D. 2005. On the choice of spatial and categorical scale in remote sensing land cover classification. Remote Sensing of Environment, 96: 62-77.

Lam N S N, Quattrochi D A. 1992. On the issues of scale, resolution, and fractal analysis in the mapping sciences. The Professional Geographer, 44 (1): 88-98.

LeCun Y, Bottou L, Bengio Y, et al. 1998. Gradient-based learning applied to document recognition. Proceeding of the IEEE, 86 (11): 2278-2324.

Lemaitre M, Verfaillie G, Jouhaud F, et al. 2002. Selecting and scheduling observations of agile satellites. Aerospace Science & Technology, 6 (5): 367-381.

Lin W C, Liao D Y, Liu C Y, et al. 2005. Daily imaging scheduling of an Earth observation satellite. IEEE Transactions on Systems, Man, and Cybernetics. Part A, Systems and Humans, 35 (2): 213-223.

Long J, Shelhamer E, Darrell T. 2015. Fully convolutional networks for semantic segmentation. Proceedings of the IEEE Conference on Computer Vision and Pattern Recognition, 3431-3440.

Marceau D J, Hay G J. 1999. Remote sensing contributions to the scale issue. Canadian Journal of Remote Sensing, 25 (4): 357-366.

Marceau D J, Howarth P M, Gratton D J. 1994a. Remote sensing and the measurement of geographical entities in a forested environment, part 1: The scale and spatial aggregation problem. Remote Sensing of Environment, 49 (2): 93-104.

Marceau D J, Howarth P M, Gratton D J. 1994b. Remote sensing and the measurement of geographical entities in a forested environment, part 2: The optimal spatial resolution. Remote Sensing of Environment, 49 (2): 105-117.

Martinis S, Kersten J, Twele A. 2015. A fully automated Terra SAR-X based flood service. ISPRS Journal of Photogrammetry and Remote Sensing, 104: 203-212.

Mayaux P, Lambin E F. 1995. Estimation of tropical forest area from coarse spatial resolution data: A two-step correction function for proportional errors due to spatial aggregation. Remote Sensing of Environment, 53 (1): 1-15.

Mcfeeters S K. 1996. The use of the Normalized Difference Water Index (NDWI) in the Delineation of open water features. International Journal of Remote Sensing, 17 (7): 1425-1432.

McGarigal K, Marks B. 1995. FRAGSTATS: Spatial pattern analysis program for quantifying landscape structure. USDA Forest Service. Pacific Northwest Research Station, Portland, OR. General Technical Report PNW-GTR-351.

Moody A, Woodcock C E. 1994. Scale-Dependent errors in the estimation of land-cover proportions: Implications for global land-cover datasets. Photogrammetric Engineering and Remote Sensing, 60 (5): 585-594.

Moody A, Woodcock C E. 1995. The influence of scale and the spatial characteristics of landscapes on land-cover mapping using remote sensin. Landscape Ecology, 10 (6): 363-379.

Nelson M D, McRoberts R E, Holden G R, et al. 2002. Effect of spatial resolution on information content characterization in remote sensing imagery based on classification accuracy. International Journal of Remote Sensing, 23 (3): 537-553.

Nussbaum S, Menz G. 2008. Object-Based Image Analysis and Treaty Verification. Heidelberg: Springer.

Ollero A, Lacroix S, Merino L, et al. 2005. Multiple eyes in the skies: Architecture and perception issues in the COMETS unmanned air vehicles project. IEEE Robotics & Automation Magazine, 12 (2): 46-57.

Otsu N. 1979. A threshold selection method from gray-level histograms. IEEE Transactions on Systems, Man, and Cybernetics, 9 (1): 62-66.

Ouelhadj D, Petrovic S. 2009. A survey of dynamic scheduling in manufacturing systems. Journal of Scheduling, 12 (4): 417-431.

O'Neill R V, King A W. 1998. Homage to St. Michael: Or why are there so many books on scale? Ecological Scale, Theory and Applications, 1998: 3-15.

O'Rourke K P, Bailey T G, Hill R, et al. 2001. Dynamic routing of unmanned aerial vehicles using reactive Tabu search. Military Operations Research Journal, 2001 (6): 5-30.

Parunak H V D, Brueckner S, Sauter J. 2002. Synthetic pheromone mechanisms for coordination of unmanned vehicles. Autonomous Agents and Multi-Agent Systems, Bologna, Italy.

Ponzoni F J, Galv O L S, Epiphanio J C N. 2002. Spatial resolution influence on the identification of land cover classes in the Amazon environment. Anais da Academia Brasileira de Ciências, 74: 717-725.

Rahman M S, Di L. 2017. The state of the art of space borne remote sensing in flood management. Natural Hazards, 85 (2): 1223-1248.

Rango A, Anderson A T. 1974. Flood hazard studies in the Mis-sissippi River Basin using remote sensing. Water Resources Bulletin, 10 (5): 1060-1081.

Raptis V S, Vaughana R A, Wright G G. 2003. The effect of scaling on land cover classification from satellite data. Computers & Geosciences, 29 (6): 705-714.

Read J M, Lam N S N. 2002. Spatial methods for characterising land cover and detecting land-cover changes for the tropics. International Journal of Remote Sensing, 23 (12): 2457-2474.

Ronneberger O, Fischer P. 2015. U-net: Convolutional networks for biomedical image segmentation. Munich: Springer Verlag.

Schowengerdt R A. 2007. Remote sensing: Models and methods for image processing. Maryland: Academic Press, Inc.

Secrest B R. 2001. Traveling salesman problem for surveillance mission using particle swarm optimization. Air Force

Institute of Technology, Ohio, USA.

Shelhamer E, Long J. 2017. Fully convolutional networks for semantic segmentation. IEEE Transactions on Pattern Analysis and Machine Intelligence, 39 (4): 640-651.

Shima T, Rasmussen S J, Sparks A G, et al. 2006. Multiple task assignments for cooperating uninhabited aerial vehicles using genetic algorithms. Computers and Operations Research, 33 (11): 3252-3269.

Smith J H, Stehman S V, Wickham J D, et al. 2003. Effects of landscape characteristics on land-cover class accuracy. Remote Sensing of Environment, 84 (3): 342-349.

Sorman A U. 2001. Determination of flood inundated areas using RS techniques in the Western Black Sea region of Turkey. Turkish Journal of Engineering and Environmental Science, 25: 379-389.

Stewart B. 1998. Scaling up in hydrology using remote sensing: Summary of a Workshop. International Journal of Remote Sensing, 19 (1): 181-194.

Szegedy C, Vanhoucke V. 2016. Rethinking the inception architecture for computer vision. IEEE Computer Society Conference on Computer Vision and Pattern Recognition, Las Vegas, NV, United states, IEEE Computer Society.

Szegedy C, Ioffe S. 2017. Inception-v4, inception-ResNet and the impact of residual connections on learning. 31st AAAI Conference on Artificial Intelligence, AAAI 2017, San Francisco, CA, United States, AAAI Press.

Sá A C L, Pereira J M C, Gardner R H. 2007. Analysis of the relationship between spatial pattern and spectral detectability of areas burned in southern Africa using satellite data. International Journal of Remote Sensing, 28 (16): 3583-3601.

Takeuchi S, Konishi T, Suga Y, et al. 1999. Comparative study for flood detection using JERS-1 SAR and Landsat TM data. IEEE, PISCATAWAY, NJ, (USA).

Townshend J R G, Justice C O. 1988. Selecting the spatial resolution of satellite sensors required for global monitoring of land transformations. International Journal of Remote Sensing, 9 (2): 187-236.

Townshend J R G, Justice C O. 1990. The spatial variation of vegetation changes at very coarse scales. International Journal of Remote Sensing, 11 (1): 149-157.

Townshend J R G. 1981. Spatial resolution of satellite images. Progress in Physical Geography, 5: 33-55.

Turconi L, Tropeano D, Savio G, et al. 2015. Landscape analysis for multi-hazard prevention in Orco and Soana valleys, Northwest Italy. Natural Hazards and Earth System Sciences, 15: 1963-1972.

Verdi J S, Krasznay S, Ilseman F, et al. 1994. Application of the polarimetric matched image filter to the assessment of SAR Data from the Mississippi Flood Region. IEEE-IGARSS'94, Session: POL-II, Metrology, Calibration and Analysis, 8: 8-12.

Vieira G E, Herrmann J W, Lin E. 2003. Rescheduling manufacturing systems: A framework of strategies, policies, and methods. Journal of Scheduling, 6 (1): 39-62.

Vinyals O, Fortunato M, Jaitlyn N. 2015. Pointer networks. Advances in Neural Information Processing Systems. New York, USA: Curran Associates Incorporation, 2692-2700.

Vu T T, Matsuoka M, Yamazaki F. 2004. Shadow analysis in assisting damage detection due to earthquakes from Quickbird imagery. In Proceedings of the XXth ISPRS Congress, Istanbul, Turkey, 12-23: 607-610.

Walton J T. 2005. Models for the management of satellite-based sensors. Massachusetts Institute of Technology, Cambridge.

Woodcock C E, Strahler A H. 1987. The factor of scale in remote sensing. Remote Sensing of Environment, 21 (3): 311-332.

Wu G, Wang H, Li H, et al. 2014. An adaptive Simulated Annealing-based satellite observation scheduling method combined with a dynamic task clustering strategy. arXiv, DOI: 10. 48550/arXiv. 1706. 05587.

Xie S, Tu Z. 2017. Holistically-nested edge detection. International Journal of Computer Vision, 125 (1-3): 3-18.

Xu H Q. 2006. Modification of normalized difference water index (NDWI) to enhance open water features in remotely sensed imagery. International Journal of Remote Sensing, 7 (14): 3025-3033.

Xu X Y, Yan Z, Xu S L. 2015. Estimating wind speed probability distribution by diffusion-based kernel density method. Electric Power Systems Research, 121: 28-37.

Xu Z, Wu L, Zhang Z. 2018. Use of active learning for earthquake damage mapping from UAV photogrammetric point clouds. International Journal of Remote Sensing, https://doi.org/10. 1080/01431161. 2018. 1466083 [2022-9-13].

Yamagata Y, Akiyama T. 1988. Flood damage analysis using multi temporal Landsat Thematic Mapper data. International Journal of Remote Sensing, 9 (3): 503-514.

Yu F, Chen H, Tu K, et al. 2018. A study of co-planing technology of spaceborne, airborne and ground remote sensing detecting resource, driven by disaster emergency task. ISPRS International Archives of the Photogrammetry, Remote Sensing and Spatial Information Sciences, Volume XLII-3, 2147-2151.

Zakaria Z, Deris S. 2009. Genetic-based approaches to predictive-reactive scheduling in flexible manufacturing systems. Computer Scicene, Engineering, DOI: 10. 13140/RG. 2. 2. 29019. 72484.

Zhang M, Li Z, Tian B, et al. 2016. The Backscattering Characteristics of Wetland Vegetation and Water-level Changes Detection Using Mufti-mode SAR: A case Study. International Journal of Applied Earth Observation and Geo-information, 45: 1-13.

Zhang R, Li H, Duan K, et al. 2020a. Automatic detection of earthquake-damaged buildings by integrating UAV oblique photography and infrared thermal imaging. Remote Sensing, 12 (16): 2621.

Zhang R, Duan K F, You S C, et al. 2020b. A novel remote sensing detection method for buildings damaged by earthquake based on multiscale adaptive multiple feature fusion. Geomatics, Natural Hazards and Risk, 11 (1): 1912-1938.

Zhang R, Zhou Y, Wang S X, et al. 2020c. Construction and application of a Post-Quake house damage model based on multiscale self-adaptive fusion of spectral textures images. IGARSS 2020-2020 IEEE International Geoscience and Remote Sensing Symposium, Waikoloa, HI, USA, 6631-6634.

Zhou Y, Zhang R, Wang S, et al. 2018. Feature selection method based on high-resolution remote sensing images and the effect of sensitive features on classification accuracy. Sensors, 18 (7): 2013.